對本書的讚譽

「協同合作是成功產品開發的關鍵，好的協作將克服重重困難讓成功變得可能，不好的協作則將使任何方法、工具或技能失效，Austin很明白這點，因此創建了一個實用且非教條式的指導方針，將幫助你了解協作的要素，並希望能讓你設計出你自己的出色協作。」

—Josh Seiden
Lean UX 共同作者

「Austin 有一個能將最複雜概念和做法簡化的本事。他的書將成為我產品設計大全的新成員。」

—Jeff Patton
產品設計教練，User Story Mapping的作者

U0087077

協同產品設計
幫助團隊建立更好的體驗

Collaborative Product Design
Help Any Team Build a Better Experience

Austin Govella 著

王薌君 譯

O'REILLY®

[目錄]

[譯者序]

我一看到書名就愛上它了！

再看看大綱、摘要，我就下定決心要讀完它。

不管你從事任何職業，我都非常推薦你看看這本書，畢竟團隊協作是所有工作避免不了的議題。如果你剛好正是從事體驗設計相關職業，相信你會受益於其中所提到的方法，作者將帶領你一步一步，從如何開始到獲得想要的成果，就像是一個隱形的導師一樣。如果你並非從事體驗設計相關職業，我也建議你能設想自己是你所從事職業的設計師，用一個全新的角度來看待自己的工作。

作者本身於設計領域從事體驗設計師、顧問等多年，經驗豐富，更重要的是，他把所有看似複雜、模糊、因人因事而異的協作過程，用非常有邏輯地方式，帶領你思考協作的本質，以及用有趣、說故事的方式來解說其步驟。像是體驗機、父子騎驢、哈利波特的眼鏡、小紅帽買咖啡等範例。讓你愉快地讀完後，又深有所感，更重要的是能應用在你手邊所有需要跟他人合作之處。

正如作者一開始所提到，這本書獻給所有在企業中，身處「穀倉」的人們。就算你自認與他人溝通無虞，本書也能幫助你確實「捕獲」你想要的結果。這是一本讓事情能完成的書。

把它帶回家吧！

2020.06

[前言]

只有在接下來 24 小時你發生不幸的狀況時，你才不需要這一本書。

這本書也可能不適合你。你的同事無比聰慧；他們遵循你的建議，不會大驚小怪，給你充足的時間思考…；你從未急於完成任何事情；你從未重頭開始或改變方向，且你的老闆從未改變主意或要求任何瘋狂的事情。

我真希望有這樣的好事發生在我身上。

我與跨功能團隊共事，團隊成員來自業務、技術和設計領域，幾乎沒有共同語言，且在越來越少的時間內要做越來越多的事情。距離終點有多近並不重要，因為方向總是在變化，而截止日期永遠不會變。

我寫這本書的目的是為了那些可憐的普通人，要跨「穀倉」費力取得想法，以讓事情在荒謬的期限內完成（圖 P-1）。這不是一本流程書。這是一本讓事情完成的書。為了那些要與團隊一起工作的人。當團隊合作地更好，才能把事情完成。

這本書並沒有充滿新東西，而是又無聊又舊的東西。沒有新流程可以保證得到好結果、也沒有成功的秘訣。但其實你不需要新東西。不用改變你要做**什麼**，而是改變你**如何**做它。本書收集了許多工具，這些工具奠下新的做法，幫助團隊溝通、協作及排序其工作。你的團隊將打造出更好的產品，而你將幫助他們做到。

圖 P-1
一些可憐的普通人要跨「穀倉」去工作，甚至更糟，要在跨功能團隊中與業務、技術和設計一起工作

經過現實世界的嘗試、測試和審閱

這二十年來，我領導各種產業各種專案的跨功能團隊，這些工具也經過二十多年的發展演進。

這些工具中許多源於我在 Comcast 工作時期，我當時為 Livia Labate 開發新產品並重新設計了旗艦消費產品。離開 Comcast 之後，這些工具隨著我到 Avanade 繼續進化，Matt Hulbert 和 Jamie Hunt 讓我將這些工具在世界各地、各行各業的 B2B 和 B2C 產品的許許多多客戶上測試和改善。

為確保這些工具能夠符合大眾要求，我們請 Andrew Hinton、Christian Crumlish 和 James Kalbach 審閱所有內容的精確性和是否清晰易懂。而為了確保內容能讓初學者理解，我們找到 Kat King 和 Eden Robbins，他們都剛進入職業生涯。Dan Klyn、Adam Polansky 和 Dan Brown 提供了寶貴的初期回饋。最後，我們請 Jessica Harllee 審閱所有內容，因為她不能忍受任何人的廢話，而我們也不想讓你忍受。

安排有序的，因此你用你最好的學習方式學習

本書有五大部分，沒有任何一個使用像同理、敏捷、精實或…Ops 之類的流行語。而是，第 I 部分用如何去思考產品和改善團隊協作，來奠定其他一切的基礎。然後，我們將其他內容依照產品團隊所面對的問題類型，分為四大部分：

- 目標和願景——你如何讓專案策略及你正嘗試要做的事，得到每個人的同意並達成一致？

- 使用者——你如何定義出你的使用者現在（還是之後）需要你去建構什麼？

- 互動——你如何改善使用者如何進入、離開和通過你的系統？

- 介面——你如何探索構想和原型介面，使你以最快、最簡單的方式測試構想？

每個部分都由基礎章節的基本資訊開始。然後每個工具各有自己的章節說明如何使用它，以及提供提示和技巧（圖 P-2）。

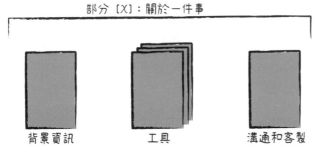

圖 P-2

每個部分都包含各章節，從背景資訊、各工具說明，到如何依工作客製工具的指南。

用這種方式安排章節，你可以你最好的方式去選擇你要如何閱讀本書（表 P-1）。可以從頭到尾循序閱讀本書所有 21 個章節，或從基礎開始，僅閱讀基礎的 9 個章節。你也可以根據你當前的興趣或需要，從特定主題開始。

表 P-1 用你能學的最好的方式閱讀本書

勇者的追求 第 21 章	基礎為先 第 9 章	主題為先 第 5 章
從頭閱讀到尾，並學習如何在產品設計流程的每個步驟中做得更好	閱讀第 I 部分的基礎材料及以下其他章節	根據你當前的興趣或需要，選擇特定主題
	第 I 部分設計和協同合作（所有四個章節）	第 I 部分設計和協同合作，四個章節
	第 5 章 策略環境	第 II 部分專案策略，四個章節
	第 9 章 使用者和使用者調查	第 III 部分使用者，五個章節
	第 14 章 互動的要素	第 IV 部分互動，三個章節
	第 17 章 介面上可見和不可見的部分	第 V 部分介面，五個章節
	第 21 章 確認（和平衡）	
花較多時間	花較少時間	花最少時間

這樣的彈性也是本書的一種主軸。在不同組織、不同專案、不同團隊的事情都有所不同，所以真正的技巧是要知道如何調整「你要怎麼做」，也因此才能在你當前的狀況下對你更有用。

設計成易於使用的參考

在主要構想產生後要參考本書時，真正的用處就會出現，因此我們嘗試讓查找東西盡可能變得容易。無論你是要尋找工具、查核表、還是特定做法的資訊。

標題是明確且直白的，因此你瀏覽目錄就找到書中的特定部分（圖 P-3）。

圖 P-3

清晰的標題讓你可以輕易地在目錄中找尋特定資訊

一旦你選定一個工具，我們已使其易於抓取和使用。每個工具都包含一個範本、作業表單甚至是簡報投影片的連結，你可以去下載和列印，也可以自行編輯和客製。如果你進行遠端的協作，我們也已提供你可以直接抓取和使用的線上範本連結。

在此網站找到更多的閱讀材料和資源：

http://pxd.gd/index/methods

連結到更廣的社群

想像一下，如果殭屍崛起而文明世界崩壞。沒有網路可以閱讀 Medium 的文章。即便如此我們還是希望這本書能自己存活下來，它真的是你需要的最後一本書。

在每個部分中，你將找到隨附網站的連結，網站中我們已收集書籍和文章以供進一步閱讀。且由於把它放在網路上，我們可以在新材料出現或老舊時更新推薦。

如果你需要幫助，請把問題發到我的 Twitter 上（@ austingovella），我們可以繼續在上面討論。

更好的組織建構出更好的產品

組織（不是設計師）設計和建構出所有東西。為了建構更好的產品，你們必須更緊密和諧地一起工作。你需要更好的團隊和更好的組織。這表示你需要改善群體中每個人的技能。秘訣在於：你不用改變「要做什麼」，你要的是改變「如何做」。為了改變你如何做，因此你專注於幫助團隊開發更好的產品。

儘管本書涵蓋了一系列等著你去好好利用的工具，但協作限制團隊最多。更好的協作為你在團隊所做的其他一切奠定了基礎，而第 I 部分就此出發。我們如何幫助團隊合作地更好？

[*I*]

設計和協同合作

你的組織創建了產品和服務，但其實可以做出更好的產品和服務，而你即將幫助他們達成。在本書中，你將不會找到新的設計方法。這本書不是要改變你要做的事。而是關於就你已做的事改一下你做它的方法，關於與你的團隊、利害相關者和客戶合作地更好。

將你的組織想成一個體驗機（圖 I-1）。投入想法，組織中每個人各司其職，最後體驗產生出來。想像你在一家咖啡公司工作。公司內有人提議在全國的店鋪裡賣咖啡。因此，公司內每個人都各自做好自己的工作，最終在全國各城鎮，客戶都可以走進咖啡店。這樣的咖啡公司是一台製作咖啡相關體驗的機器。

圖 I-1

你的組織是一個使用者體驗工廠。想法投入，每個人都做好自己工作，最終使用者體驗就產生出來了。

1

每一個組織產出的體驗都是由無數的產品和服務所組成。雖然你可以幫助你的組織建構不同的產品和服務，但是去改善組織已經建構出的產品和服務較容易。

為了改善這些體驗，你需要一套可用來調整體驗機不同部分的工具，而這就是你將在本書所看到的。本書的每一部分都著重於機器不同部分的工具。每一部分都以簡短的介紹（如此處）開頭，說明該部分的重點以及你將從該部分各章學到的內容。除了工具介紹外，你也將知道如何運用和為何這些工具可起作用。

本節說明一個改善過的方式以思考設計和協作，因此你可以幫助你的組織建立更好的體驗。不是改變你做的事，而是改變你做它的方式。

[1]

設計的要素：思考 - 製作 - 確認和四個模型

為了幫助你的團隊建構更好的產品，他們必須設計的更好。通常，當我們思考更好的設計時，我們會聚焦於設計物本身。它們是否運作得更好、看起來更好、感覺更好？不幸的是，這樣的設計成果往往不是設計師做出來的。

在本章中，我們將看到兩個基礎概念：

- 當你設計時，你在做什麼：思考 - 製作 - 確認（Think-Make-Check）

- 你對…做什麼：使用者、介面、互動和系統—設計的四個模型

這兩個概念構成本書其他所有內容的基礎，並在你開發新產品時幫助你的團隊進行更好地溝通和協作。

思考、製作、確認：設計師在做什麼

假設你設計了 種帶有新型握把[1]的精美咖啡杯，並且想知道新握把是否易於使用。是直接詢問人們是否易於使用較好？還是直接觀察他們使用上是否遇到困難較好？

當然，直接觀察人們怎麼做比問他們好。當你觀察人們時，你會看到他們怎麼做。當你問他們時，聽到的會是他們希望怎麼去做。觀察人們直接的行為反應。而行為就是你想要去影響的。

如果你問設計師，他們在做什麼，他們會說他們在做的是關於使用者體驗、或以使用者為中心、或代表使用者、或同理或…。這就是他們所說他們在做的，他們所追求的。如果你觀察設計師，他們實際上在做什麼？設計師思考事物、製作事物及向其他人展示事物。

如果你想提昇成為設計師，請改善你如何去思考事物、製作事物及向其他人展示事物。

Lean UX 和思考 - 製作 - 確認

大約在 2010 年，Janice Fraser 希望帶給沒有預算或時間進行傳統設計的新創公司，有更好的使用者體驗。Janice 畫了一個簡化的三步驟的「精簡」使用者體驗流程。首先你思考，然後你製作，然後你確認（圖 1-1）。確認後，你重新開始思考、製作、再確認。然後再重覆。思考 - 製作 - 確認。

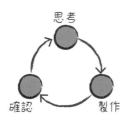

圖 1-1
Janice Fraser 的「精簡」使用者體驗流程包括三個步驟：首先你思考，然後你製作，然後你確認

1　Bernat Cuni 的 3D 咖啡杯設計（*http://cunicode.com*）

思考 - 製作 - 確認並非精實使用者體驗（Lean UX）。思考 - 製作 - 確認只是**使用者體驗**[2]。Janice 於 2001 年初從她在 Adaptive Path[3] 的一位合作夥伴那裡得知思考 - 製作 - 確認。根據 Janice 的回憶，思考 - 製作 - 確認實際上起源於 1990 年代後期 *HotWired*[4] 的使用者研究實驗室。

思考 - 製作 - 確認表達出設計是一個分析和測試的過程。你無需用「精實使用者體驗（lean UX）」來進行思考 - 製作 - 確認。所有設計師都在進行思考 - 製作 - 確認，不管他們是否知道。即使是你也是。

思考 - 製作 - 確認的實務

想像你要創建一個人物誌。可以將此工作分為三個步驟（圖 1-2）：

1. 分析現有的使用者調查。

2. 起草一份人物誌文件。

3. 分享人物誌給你的客戶。

首先，你思考使用者，然後你製作一個人物誌，然後再拿這個人物誌與客戶確認。思考 - 製作 - 確認。

分析使用者調查　　草擬人物誌文件　　與客戶分享
　　思考　　　　　　　**製作**　　　　　　　**確認**

圖 1-2

當你建立人物誌時，你使用思考 - 製作 - 確認流程

2　如果你對 Lean UX 感興趣，請閱讀 Jeff Gothelf 和 Josh Seiden 的書「Lean UX」。

3　Adaptive Path 是最早的使用者體驗顧問公司之一，由 Lane Becker、Janice Fraser、Jesse James Garrett、Mike Kuniavsky、Peter Merholz、Jeffrey Veen 和 Indi Young 共同創立。

4　HotWired，第一個商業網路雜誌，於 1994 年 10 月 27 日發行。

每個設計活動都可以套用思考 - 製作 - 確認模型。要製作線框？思考使用者情境及使用者要做什麼、繪製線框草圖、再將其展示給開發人員。要建立策略？思考背景環境、草擬目標和願景、再與客戶確認。一路上都是思考 - 製作 - 確認（圖 1-3）。

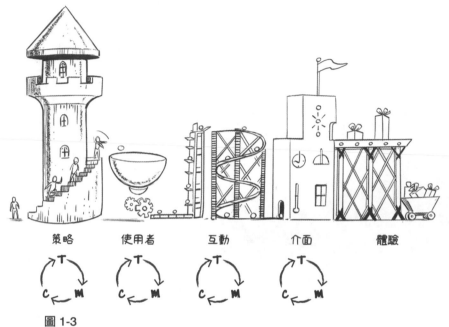

圖 1-3
在體驗機中一路進行思考 - 製作 - 確認

如果設計師一直都在思考、製作、確認，你可能會想問：到底設計師在思考什麼、製作什麼、確認什麼？

設計的四個考量：使用者、介面、互動和系統

你可將設計師進行的思考 - 製作 - 確認區分四個主題：

- 使用者
- 介面
- 互動
- 系統

你所進行的每個設計活動和所做的每項成果，都是使用者、介面、互動或系統的結合與溝通。每次你進行思考 - 製作 - 確認，都是在思考、製作、確認這四個**模型**中的其中一個或多個。要創建更有效的人物誌、旅程和線框圖，你需要了解使用者、介面、互動和系統的含義。

使用者

使用者

每個產品都有使用者。你可能會稱呼他們為客戶、終端使用者、演員、有影響力的人 / 意見領袖、利害關係者等。設計創造出人們將去體驗、使用或感到困擾的事物。並不是只有設計師會想到使用者。當你開始一個新專案時，團隊中的每個人都各自在其腦海中描繪著使用者。

人物誌代表著你的使用者的一個**模型**。他們不是真正的使用者。真正的使用者會到處亂點、咒罵、搜尋並做一些事。當你建構體驗時，人物誌提供給你的大腦一個使用者的模型去思考。無論你是否真的創建出人物誌，使用者模型都會在你製作的每個線框圖或原型中浮現出來。

每個線框圖和原型都假設某種類型的人會使用它。無論你是否有描繪出人物誌或是說出使用者，你的團隊在看到設計時都自然會想到使用者是誰。即便你沒有具體說明，你的團隊也會想像出使用者模型。

使用者是你進行思考 - 製作 - 確認時最關鍵的事。當你思考不對的使用者時，你就是在為不對的使用者建構產品。

介面

介面

你曾被要求製作線框多少次？當大多數人想到設計時，他們想到的是它長怎樣。他們想到的是介面[5]。當你進行思考 - 製作 - 確認設計時，可能會檢視某些介面的圖片。

作為設計師，你花費大量時間在思考和製作介面**模型**上。架構師起草藍圖。平面設計師創建視覺稿（mockup）。互動設計師撰寫原型程式。你在網路上看到的大多數教學和指南，都著重在如何思考 - 製作 - 確認更好的介面模型。介面模型是人們討論設計最簡單的方法，因為它們非常具體。

互動

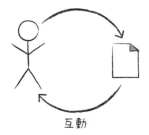

互動

互動指的是使用者如何隨著時間與介面**互動**。就像使用者一樣，互動始終都在。當討論線框圖時，你會想像使用者將如何看它，然後點擊某東西後，會再看到其他內容。線框看起來就像是補捉某一瞬擷取到的單個螢幕畫面，但是，在你腦海中所想的是使用者與多個螢幕畫面間的一系列互動。

你想的是場景而不是螢幕畫面。即便我們花了大量時間在介面上，但互動比介面更能體現整體體驗。把互動放在心上，可以讓你更容易去思考 - 製作 - 確認介面。

5　當然，我們都應該記住史蒂芬·賈伯斯（Steve Jobs）所說：「設計不僅是看起來和感覺起來怎樣。設計是它如何有用。」

系統

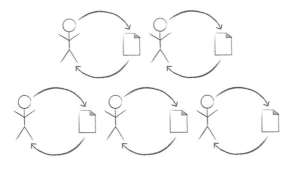

系統

當**使用者**與**介面**交互作用時，我們稱之為**互動**。當你將多個互動連結在一起時，就創建出了一個**系統**。網站地圖、旅程圖和服務藍圖都是**系統**的例子。即使你並不總是從事系統等級的工作，但當創建視覺稿或設計順暢的結帳流程時，你腦中就存在一個系統的構想。

雖然我們並不常思考系統，但系統創造了對產品的限制和機會。建築師 Eliel Saarinen 說：「設計一個東西時，永遠要想到比該物品的情境更大的情境範圍：椅子在房間裡，房間在房屋裡，房屋在環境裡。」[6] 坦白說，你將發現你不可能在設計時不考慮其更廣的情境。無論何時你思考 - 製作 - 確認任何設計，你腦中都會有一個系統的構圖在。

四個模型的實務

舉例來說，假設你創建了一個客戶旅程圖。旅程圖說明了使用者如何進入、通過和離開你的系統。旅程圖記錄了你和你的團隊所做的模型，其關於使用者及使用者與一些介面的互動（圖 1-4）：

- 旅程圖假設特定類型的使用者（即你的客戶）

- 旅程圖假設採用特定類型的介面（即你的網站、Google 搜尋結果、電子郵件確認信等）

- 旅程圖假設特定的流程（即使用者如何搜尋和比較產品、使用者如何完成結帳流程等）

---

6   Donald Hepler 和 Paul Wallach 所著「Architecture Drafting and Design（暫譯：建築草圖和設計）」。New York: McGraw-Hill Inc。1965 年，第 418 頁

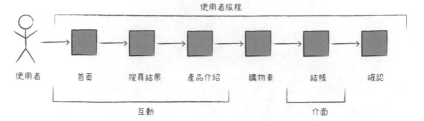

圖 1-4

旅程說明了你對使用者、介面以及使用者與這些介面的互動所做出的假設

當與團隊分享旅程圖時，你確認每個人對於使用者如何在系統裡移動的想法是一致的（確認每個人有相同模型）。當你思考 - 製作 - 確認你的系統模型時，團隊中的每個人都會想像使用者是誰、介面看起來是怎樣的、以及每個互動中會與多少螢幕畫面和點擊處。

在產品設計中，你花費大量的時間去思考、製作和確認使用者、介面、互動和系統的模型。要打造更好的產品，必須在兩件事上變得更好：

- 你如何思考、製作和確認
- 知道要去思考、製作或確認什麼模型

本書的每個部分都針對不同類型的模型，以及工具可幫助你改善自己或與團隊一起如何去思考、製作和確認。

思考 - 製作 - 確認應該很容易，但是我不確定你是否注意到：有百萬種方法可以製作各式各樣的模型。是什麼可做出正確的人物誌？應該要製作線框或原型，還是都不要？旅程圖中應顯示哪些元素？

這透露了一個基礎的問題：我們如何知道什麼樣的資訊應放入我們的模型中？我們應該在人物誌、線框或旅程圖中加入哪些資訊，以便我們能與對的人確認？

當我們談論模型中要包含哪些資訊時，我們就是在討論保真度。

[2]

保真度：
與對的對象確認對的事

並非每個人物誌、線框、原型或旅程圖看起來都一樣。這是為什麼？結果發現，你可以用**保真度**描述一個成果和另一個成果的不同。

當你的模型看起來**更像真實事物**時，我們說它具有較高的保真度。保真度較高的事物需要花費較多的時間去製作。保真度較低的事物則較難讓你的團隊成員去進行確認。

四個因素會影響你模型的保真度：

- 受眾——誰將確認你的模型？

- 距離——你們位於同一地點還是遠端？

- 時間——你是同步溝通還是非同步溝通？

- 觸及——會與多少人分享模型？

為了製作和確認對的事，你要調整它們的保真度。

保真度改變了模型的內容

想像你在鏡子前自拍，照片中的你看起來跟你一模一樣，這照片是你的高保真模型。現在，想像你用人物線條畫描繪自己，這樣的人物線條畫就是你的長相的低保真模型（圖 2-1）。

圖 2-1

當你的模型看起來更像真實事物時,我們說它具有較高的保真度。[1]

當你製作模型時,你會選擇要包含多少資訊。如何思考你的模型會限制你可用的資訊,想要從確認獲得的回饋則需要不同的保真度。模型就像信號火。火勢越大,可以在越遠的距離看到,但會受制於你必須要燃燒多少木材(圖 2-2)。

圖 2-2

保真度受限於你對該事物的了解程度。同時,你需要較高保真度以分享事物給他人。

1　Scott McCloud 所繪的插畫,插畫中的人物為 Christina Wodtke

當你了解如何控制保真度時，便會將精力集中在最有效的地方。如果只需要討論排版，就不用幫線框上色。專注於重要資訊。忽略那些不重要的資訊。由於你已製作出事物，因此你可以去確認它們，請為將進行確認的受眾優化保真度。

受眾決定保真度

設計始終是一種假說。你團隊的願景就是你所分享的假說。當你思考 - 製作 - 確認某事物，你想確認你的假說。問題是：誰來評判這個假說？當你進行思考 - 製作 - 確認時，是誰要確認？

四個可能的受眾可以確認你的模型（圖 2-3）：

- 你自己
- 你的團隊
- 你的組織和合作夥伴
- 你的使用者

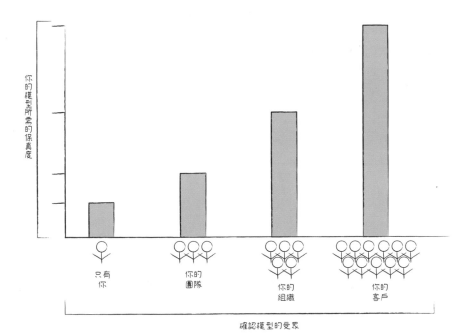

圖 2-3

四個受眾可以確認你的模型：你自己、你的團隊、你的組織和你的使用者，且當受眾離你越遠，他們需要越高的保真度。

你是否曾經隨手記下一些東西、往後靠著、歪著頭並思考你的構想？那就是你在思考某個東西，透過寫下來製作某個東西，然後與自己確認。你非常了解自己，因此可以用非常低的保真度。即使是一些亂塗亂畫，你仍然知道你要表達的意思。

你的團隊是第二個可以確認假說的受眾。在你的團隊以外，組織中的其他人員和終端使用者代表了可以確認你假說的第三和第四位受眾。

想像每個受眾離你越來越遠，而距離越遠，你越少與他們的交談，因此他們所了解的越少。當你自己確認某個東西時，其中的資訊可以很少，因為你自己知道其來由。同樣的，你和你的團隊很常說話，也分享關於你的使用者的假設、使用者將使用的介面以及使用者與介面之間的互動。

然而，當受眾變成你公司中的其他人員時，他們與專案的距離就更遠了。他們不會對使用者、介面和互動有跟你相同的假設。一般而言，越遠的受眾，他們被分享到願景越少，他們需要更多的情境資訊，才能確認你的假設。受眾越遠，你的模型就需要越高保真度。

想像你和你的團隊為一家國際咖啡公司的首頁建立線框，頁面頂端有一個輪播。

在紙上，輪播看起來就像是一個圖像。你和你的團隊都知道該圖像代表的是圖片播放，會出現不同的圖像。但是，如果將紙上線框密封在信封中，並將其郵寄給你公司的 CEO，他們將能理解該圖像是輪播嗎？當你和你的團隊將線框結合了你們的共同理解，你當然知道圖像是輪播。你公司的 CEO，他與專案距離很遠，可能就不會共享相同的理解。線框本身沒有足夠的資訊，或足夠的保真度，讓 CEO 去確認你這個輪播的假說。

你的受眾與專案的距離，與保真度緊密相關。根據你的受眾和你想測試的假說，決定所要分享的是較高或較低保真度的模型。除了與受眾的距離和你所分享的願景多寡會影響保真度，其他與受眾相關的其他方面也會產生影響。特別是，你將使用怎樣的溝通管道？你將如何與受眾分享？

溝通管道影響保真度

你根據受眾所知需要不同保真度，這很容易理解。然而，每當我們與受眾確認某個東西時，我們都透過一個管道進行溝通，而這管道也影響著保真度。溝通管道是對話、電子郵件還是文件？溝通管道中的三個要素會影響保真度：

- 距離

- 時間

- 觸及

距離— 同一地點或遠端

當你與某人確認某事物時，你說話的對象是否就在身旁？或者，你與遠方的某人溝通？距離越遠，溝通和協作就越難。如果是在同一地點，你可以在牆上貼上草圖。如果每個人都在遠端，則你必須拍照並將其上傳到某處。如果在遠端，隨口問個問題也必須透過 IM、電子郵件或電話提出。如果身處同一地點，你只要抬起頭高於座位隔板就可以很快問個問題。由於語調、身體語言和手勢，面對面對話比遠端對話更具保真度。

時間—同步或非同步

你是即時、同步地進行溝通，像是來來回回的對話，還是非同步地進行溝通，像是電子郵件通信？或者，是綜合式的，例如即時通訊對話，可以離線訊息也可以即時對話？

你同步講話時，在來回對話中其實就分享和討論了大量的資訊。你所知的和受眾所知的差距（任何你所分享願景中的差距）都可以透過對話來解決。如果你不了解某事物，就問問題。如果有人誤解你，你可以再次解釋。

非同步溝通時，需要花費較長的時間才能解決所知上的差距。就如同實體的距離一樣，時間上的距離越遠，就越難獲得後續問題的答案或解決誤會。同步對話比非同步對話具有更高的保真度（圖2-4）。

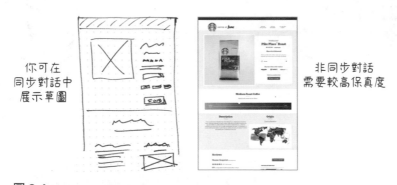

你可在同步對話中展示草圖

非同步對話需要較高保真度

圖 2-4
非同步對話比同步對話需要更高的保真度。

請注意，非同步溝通不僅發生在與他人交談時。我們經常製作一些東西，以便團隊能夠記得他們的決定。三個月後，你可能不記得這個連結是進入新頁面還是打開一個燈箱（lightbox）。把設計紀錄下來讓你可與不同時空的你進行對話。

觸及—共享的或非共享的

溝通管道的第三個部分是觸及：你的受眾跟你共享多少你正要確認的東西？這就是 CEO 效應（CEO effect）。

多年前，我和一位銷售經理一起花了許多時間設計一個 Facebook 的應用程式。我們有共享的所知。在我與銷售經理分享視覺稿後，他將視覺稿轉寄給 CEO 進行審查。在幾乎沒有這個 Facebook 應用程式的資訊下，CEO 否決了設計中的許多元素。

幸運的是，銷售經理說明了當初我們為什麼要這麼做的理由，使 CEO 能有對的資訊去確認設計。想像一下，如果銷售經理的說明不順利呢？如果 CEO 已經下定決心否決了呢？我們會浪費所有已付出的時間。

當你的老闆要求你寄白板草圖給他的老闆，他的老闆將其展示給其他人看，看到的那些人不太明白他們所看到的內容並向 CEO 抱怨，於是 CEO 寄出電子郵件否決了該設計，該白板草圖的**觸及**（*reach*）很遠。

與距離和時間一樣，如果你不想跟所有看到你模型的每一個人，重新說明一遍你的模型，則你需要在模型中加入你的說明解釋。如果當時 Facebook 應用程式視覺稿有包含一些說明解釋，則 CEO 可能就不會立即否決。如果你無法在場提供情境資訊，則你的模型將需要額外保真度以提供更多資訊，讓它代替你說明（圖 2-5）。

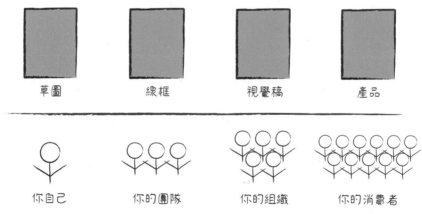

圖 2-5
根據模型可能遊歷多遠，你可能需要額外保真度

保真度、受眾和管道的實務

當你製作某個東西時,你需要足夠的保真度來確認你的假說。而該保真度必須適合於受眾並依溝通管道進行調整。

讓我們比較一下常見的溝通管道,來看保真度、受眾和管道實務上是如何運作的。在下面的每個範例中,我用數字 1 到 3 來表示模型需要多少保真度(1 代表低保真度,3 代表較高保真度)。然後,我們將再根據受眾和管道來調整每個範例的保真度。

例 1:你自己確認自己的草圖

讓我們從一個簡單的範例開始:你自己做了一個粗略的線框,要自己確認。由於你自己確認,因此完全不需要調整保真度。你可以自己確認低保真度模型。只需草繪出來,輕鬆向後靠著,然後查看(表 2-1)。

表 2-1 你自己確認的快速草圖可用低保真度

假說	這樣的排版 OK 嗎?	
受眾	只有你	1 – 低
距離	同一地點、非遠端	1 – 低
時間	同步	1 – 低
觸及	將不共享	1 – 低

例 2:與團隊成員一起確認的草圖

假像你在走廊上遇到一個團隊成員,並向他展示相同的草圖。由於你與團隊成員一起確認線框,僅憑草圖本身可能是不夠的,於是你加上了一些口頭說明。但不需要說明太多,因為你們兩個都在同一團隊中,團隊成員對你的工作有所了解。你需要較高一點的保真度才能與其他人一起確認模型(表 2-2)。

表 2-2　要與團隊中的某人確認同一草圖，你需要高一點的保真度

假說	這樣的排版 OK 嗎？	
受眾	團隊中的某成員	2 – 中
距離	同一地點、非遠端	1 – 低
時間	同步	1 – 低
觸及	分享給你的團隊成員	2 – 中

例 3：你分享給未來開發人員的螢幕畫面

假想你六個月後要向新開發人員展示同一螢幕畫面，而你到時無法親自說明解釋。因為要進行開發，所以只有草圖是不夠的。你需要一些說明關於點擊後會發生什麼事以及東西長怎樣，以便開發人員可以寫 HTML 和 CSS（表 2-3）。

表 2-3　與開發人員分享的詳細線框具有相當高的保真度

假說	這樣的內容、功能、排版和設計 OK 嗎？	
受眾	團隊中的某成員	2 – 中
距離	同一地點、非遠端	1 – 低
時間	非同步	3 – 高
觸及	可被分享給任何人	3 – 高

即使我們使用虛擬數字來表示保真度，你仍可以了解不同的情況會需要模型具有較多或較少資訊。下次當你聽到有人談論要線框還是草圖、或要原型還是規格時，先問自己，團隊嘗試要做的是什麼：

- 誰是受眾？

- 管道是什麼？

- 受眾需要什麼樣的資訊以回答問題？

模型的保真度影響迭代

在對的保真度下，加入對的資訊，以便你的受眾可以確認你的假說。每次你確認某個東西時，都會學到一些東西，並運用這些所學來改善下一個版本。每運轉一次思考 - 製作 - 確認迴圈都讓你的想法更完善。每次運轉都是另一個迭代（圖 2-6）。

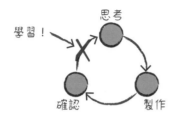

圖 2-6
思考 - 製作 - 確認
是一個學習過程

設計不是一個創建介面或產品的過程。設計是一個學習過程。作為設計師，請一遍又一遍地運轉思考 - 製作 - 確認迴圈，去學習如何改善體驗。

思考 - 製作 - 確認你想學習的東西

當你的模型具有對的保真度時，你與對的受眾思考 - 製作 - 確認對的東西，以去學習到對的東西。你協作在更有價值的對話上，花較少的時間在較無價值的對話上。如果你思考 - 製作 - 確認不對的東西，則這次迭代就浪費了。

通常，你學習得越快，就越快改善體驗。模型的保真度越高，製作所需的時間就越多。而花費越多的時間去製作會減緩你學習的速度。當你只用剛剛好的保真度製作東西，不多不少，你正優化你的學習。敏捷開發和精實創業兩者都使用快速迭代來加速學習。敏捷團隊會在短期衝刺後確認其成果。而精實創業會建構最小可行產品（MVP）與客戶確認，並越快進行迭代越好。

你也想學習**對**的事物。較低保真度迭代較快，但它限制了你可以學習的東西。較高保真度模型提供了較高保真度、較高品質、較精確學習的機會。沒有什麼比真實客戶使用真實產品，能教你更多（圖 2-7）。

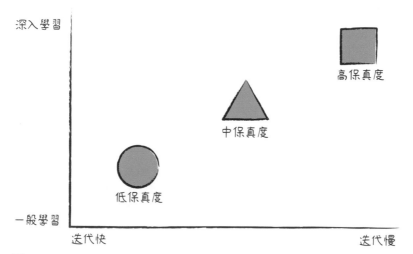

圖 2-7

不同類型的保真度有不同的迭代速度,並提供不同品質的學習。

對於四個模型(使用者、介面、互動和系統)中的每一個,你都可以調整其保真度,以便你可與對的受眾進行對的對話以學習對的事物。

思考 - 製作 - 確認表示設計是需要協作的

過去,設計師認為自己創造了設計。許多設計師認為自己對使用者體驗負責,即他們代表使用者,而其他人代表業務和執行。

不過,有趣的是:體驗並不是一疊線框圖、一個人物誌和一個網站地圖。使用者體驗是**每個人**同心協力所交付出的產物。設計師不設計使用者體驗。組織才設計使用者體驗。組織確保使用者的需求有被表達出來。組織中的每個人都影響著使用者體驗。

因此,如果你要改善使用者體驗,則必須改善**組織**如何進行設計。你必須幫助這個體驗機建構出更好的體驗。如果你的組織製造出不好的東西,那麼你所有的技能、洞見和才能都沒有價值。

幫助你的組織學習更多和更快。用對的保真度去思考 - 製作 - 確認使用者、旅程、介面和系統，以改善迭代的速度和效果。牢記受眾和管道，因此你有對的保真度進行對的對話並學習對的東西。稍後，每個模型都有自己的篇幅和自己的一套工具，可幫助你以對的保真度去思考 - 製作 - 確認。

思考 - 製作 - 確認、四個模型和保真度，可幫助你選擇正確的工具，好好地使用它、優化它以使其更好。但是，你無法獨自做到。如果是整個組織在創造體驗，那麼你需要與團隊中的每個人一起更好地工作，以做出更好的產品。這就是接下來我們要介紹的。

[3]

互動的要素：
共享所知、包容和信任

Stephen Covey 在他的經典著作《*與成功有約（The 7 habits of highly effective people*）》中提供了一個很好的建議：記得以終為始。Covey 寫道：[1] 記得以終為始，意味著用你期望方向和目的地的清楚遠景，來開始每一天、每一任務或專案，然後持續繃緊神經積極使事情成真。」

成功的協作需要你記得以終為始。如果你與你的團隊一起完成思考 - 製作 - 確認一個模型，那麼成功協作會是什麼樣子？

協作良好的團隊會做三件事 (圖 3-1):

- 他們共享所知和願景
- 他們包容每一個人
- 他們互相信任

共享所知　　　　　　包容　　　　　　信任

圖 3-1
成功的協作團隊展現出三種行為：共享所知、包容和信任。

這三種行為彼此相互強化，並幫助團隊協作更好。因為這些都是你要做的，所以你不必相信它們，只要做就對了。而且你不必一開始就很擅長。練習會讓你變得更好。不斷努力去協作，去使協作更好。

共享所知，協作的第一個原則

共享所知

進行**協作**意味著在一些事、同一件事、一件共享的事上**同心協力**。要在一些事上同心協力，你必須分享對該事的所知。在對成功團隊的研究中，UIE 創始者 Jared Spool 發現，能共享所知的團隊「更有可能成就出色設計。」[1]

這不是在說你的團隊有無共享所知。而是共享所知的程度。共享所知的程度從「全部」到「無」（圖 3-2）。共享所知較少的團隊無法很好地同心協力。誤傳使人們從事於不對的事。誤解使人們做出錯誤的改變。

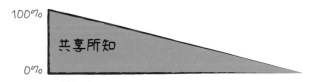

圖 3-2
共同的理解不是純粹「有」或「沒有」兩面。你與他人分享所知的程度從「無」到「全部」。

你共享所知的程度越多，越好。共享所知的程度可能取決於你想與誰分享所知。在第二章中，我們提到四種可能的受眾：

---

1 Spool, Jared. 「Attaining a Collaborative Shared Understanding」UX Articles by UIE. User Interface Engineering, 18 Jan. 2012. Web. 04 Dec. 2016.

- 你自己

- 你的團隊

- 你的組織和合作夥伴

- 你的客戶

每一種受眾共享不同程度的所知。其中，你自己是你唯一共享全部所知的人。與你合作的人越多，你分享的所知就越少（圖 3-3）。由於你與不同受眾共享所知的程度不一，可解釋為什麼你的模型需要較多或較少的保真度。

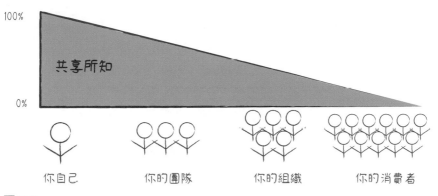

圖 3-3
與你協作的人越多，你分享越少所知。你與自己共享全部所知，而與專案越無相關的人，分享越少所知。

共享所知意味著共享語言和願景

我熱愛不起眼但美味的墨西哥菜小店。在休士頓，經營我最喜歡墨西哥菜小店的員工只會講西班牙語。當我走入紅色小攤位，我懂的西班牙語只夠讓我點我最喜歡的一道菜墨西哥燉牛肉（*carne guisada*），搭配我喜歡的豆泥（*frijoles refritos*）和墨西哥玉米餅（*mais*）。

我可以與服務我的人員協作，因為我們共享足以正確處理我訂單的西班牙語。我們共享著足夠的相同語言來協作，用豐盛的墨西哥燉牛肉餵飽我。

相反的，如果我想和說西班牙語的網站開發人員合作，這種情況就很困難了。我們不會說相同的語言。她可能不知道「線框（wireframe）」或「行動呼籲（call-to-action）」的英語說法。無論我說多大聲又多慢的「wireframo」和「el-call-to-action」，這都不是線框和行動呼籲的西班牙語。如果我們想同心協力，我們需要用既彼此尊重、我們又都懂的方式進行溝通。

在設計中，當你展示線框時，你分享你對螢幕畫面的所知給所有看到線框的人。因此團隊中的每個人都可以使用相同的語言來談論螢幕畫面並確認你的想法。

共享所知不僅在介面上起作用。Jared Spool 在「獲得共同的共識（Attaining a Collaborative Shared Understanding）」一文中指出，成功的團隊會建立一個「對專案目標和結果的普遍認知」。你一定聽過約翰甘迺迪總統（John F. Kennedy）向美國國會說明關於月球的願景：「我相信，在下一個十年到來前，這個國家應該致力於實現讓一個人登上月球並讓他安全返回地球的目標。」甘迺迪明確、具體的願景，與美國國會、NASA 和美國民眾共享，也幫助美國做到了這一點。

當你定義使用者檔案（user profiles）和人物誌時，你分享你對使用者的所知，因此團隊中的每個人都能為同樣的人設進行設計。當你記錄使用者旅程和流程時，你分享使用者如何在你系統中移動的所知。

無論你是因團隊合作而共享所知，還是因要與他人進行確認而共享所知，共享的語言和願景都讓你可以更有效地協作和溝通。

共享所知驅動保真度

基於相似的問題和類似的專案，經驗會告訴你線框要包含哪些資訊。而寫軟體和網站的人知道他們需要內容、功能和排版。每個人都剛好知道。線框就是這樣。我們共享線框要包含哪些資訊的所知。

共享對線框的所知，對我們在走廊或會議室協作時有所幫助。這種相同理解，幫助我們即使我們不在一起也能協作。

共享所知創建了你協作時使用的規則，而這些規則說明如何去調整保真度。說明介面最容易的方式是一個簡單的內容和功能清單。它將會做什麼？你會看到什麼？共享對螢幕畫面的所知幫助你知道如何去提高保真度。為了提高內容和功能清單的保真度，你加上排版並將清單轉換成線框。而為了提高線框的保真度，你加上互動並將其轉換為原型。

共享的願景創造了一個幫助你們同心協力的共同語言。協作指的是在某個東西上同心協力。共享所知跟你與誰合作一樣重要。

包容每一個人，協作的第二個原則

包容

包容每一個人指的是整個團隊同心協力。當團隊協作良好時，每一個人都對工作做出貢獻。尤其是當你跨「穀倉」工作時，除非你去促進不同專業間的和睦，否則你無法建立一個共享所知。

就像共享所知一樣，包容每一個人不是一個全有或全無的命題。任何時候你的團隊合作，不同成員參與的程度不同（圖 3-4）。尤其是在較大型團隊，你無法讓每個人都參與每一個決定，因此不同人將在不同部分協作。關鍵是每個人都有機會在需要他們的時候做出貢獻。

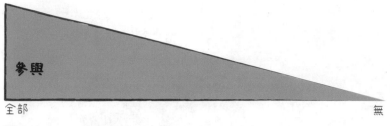

參與

全部　　　　　　　　　　　　　　　　　　　　　無

圖 3-4

包容每一個人不是一個是或否的命題。你的團隊成員參與程度多少將會從全部
到完全沒有。

包容每一個人展現尊重

要包容每一個人，你必須傾聽每一個人。包容每一個人需要你尊重
每個人的觀點。要包容每一個人，你必須重視他人的觀點，跟你重
視自己的觀點一樣。你必須放下你的自我中心。

要包容每一個人，你必須了解自己並不主掌所有事物。作為設計
師，你停止主掌設計。而是開始幫助團隊創建更好的產品。

當你處理問題時，你會自然地專注於對自己重要的議題。但當你包
容每一個人時，你必須了解那些對他人重要的議題，並進一步將那
些議題視為自己的重要議題一樣。如果你是視覺設計師，並且覺得
品牌體驗至關重要，這沒問題。但你也必須考量開發人員對可行性
的想法，與你的品牌體驗一樣重要。

當你包容每一個人，你便會收集團隊的各種觀點、智慧和見解，並
將其納入團隊的共享所知中。你掌握整個團隊多年經驗的價值。當
你拉攏那些沒有參與的人時，你告訴他們你會尊重他們的見解，並
珍視他們為團隊成員。

當你包容每一個人，你們團隊合作。這正是協作。

伸出手以包容每一個人

要包容每一個人，表示你必須積極地與你的團隊成員、同事和終端使用者打成一片。在精實創業世界，其提到要離開建築物去跟客戶交談[2]。離開建築物意味著要走進你的客戶，以包容他們的觀點於你的產品願景中。

把你的頭想成上述建築物。你如何離開你的頭去跟團隊的其他人交談？以往你總是自己思考 - 製作 - 確認。包容其他人表示你也要與團隊一起思考 - 製作 - 確認。

對於任何協作（事實上是任何對話），都包容每一個需要或想要加入的人。當你看著會議室、電話會議或共享螢幕畫面中的人員時，請評定每個人的參與程度。誰還未有貢獻？那些就是你要拉入談話的對象。

我在本書接下來的章節，客製了每種工具，以拉你的團隊加入談話，讓你可以包容每一個人。

包容也意味著等待

包容每一個人也意味著等待。有時，某些團隊成員尚未準備好協作。也許他們忙於其他更緊迫的事物。也許是他們還未具備協作的心態。也許是他們不喜歡你。當你伸手觸及那些不想協作的人時，讓他們知道你想要他們的投入，並歡迎他們參與。不要逼迫。包容每一個人意味著你要讓所有人都知道，這裡有敞開的大門和歡迎他們的地方。伸出你的手，他們會在準備就緒時加入。

信任每一個人，協作最重要的原則

信任

---

2 精實創業稱此為「客戶開發（customer development）」。有關客戶開發的介紹，請參閱 Brant Cooper 和 Patrick Vlaskovits 的 The Entrepreneur's Guide to Customer Development（暫譯：創業家的客戶開發指南）一書。

要在共享願景上同心協力，團隊中的每個人都必須尊重團隊的其他人。

當你的團隊共享所知時，每個人都知道他們在做什麼、為什麼這是重要的，以及結果將是什麼樣的。當你包容每一個人，你表明你珍視每個人的投入，且整個團隊將同心協力。然而，無論你分享多少所知及包容了多少人，尊重限制了你能同心協力地多好。

就像共享願景和同心協力一樣，尊重不是一件全有或全無的事。想像你的團隊互相尊重的等級，程度從「全部」到「無」（圖 3-5）。

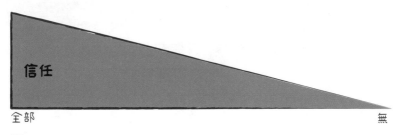

信任

全部　　　　　　　　　　　　　　　　　　　　　　　　　　　無

圖 3-5
你團隊所擁有的信任度，可以從無到全部的等級進行衡量。

當你尊重你的團隊成員，你尊重他們的決定、他們的回饋及他們所做的事。

信任每個人的決定

大多數協作都是透過問題和對話進行的。當你進行協作時，你問人們他們的想法。當你的團隊成員回答一個問題時，他們即是在分享自己所做的決定。對於擁有相異經驗、背景和觀點的任何一個優秀團隊，每個人的決定將會分歧。而協作的開展就是團隊努力在這些分歧中達成共識，找到每個人都同意的單一決定。

信任每個人會負責

我在 2000 年代初期曾擔任前端開發人員，從頭開始撰寫有效的、語意的、易於理解的 HTML、CSS 及 JavaScript。我知道如何有效的、語意的標記更可創建易用的介面、減少錯誤，並使網站更易於維護。在我看來，有效語意的程式碼是完全不用多想的。

一位開發人員交付了一些可怕的、糟糕的、不好的,非常差的義大利麵程式碼(spaghetti code)。他為什麼要交付這樣差勁的程式碼?是他懶嗎?無知嗎?

這並不重要。

首先,他的程式碼品質低劣是我的個人看法,是我的自我中心。要一起共事,你不能再自我中心。其次,這不是我的職責。我的工作是線框。而前端是他的工作。你可能認為自己可以做得比別人更好,但這並不重要。這是他們的工作。他們將以他們認為最好的方式去做。

信不信由你,你不是世界上最有才智的人。你並不知道所有的答案。與你相較,你團隊中的人員將對使用者體驗有不同且更好的想法。就像你希望團隊在你做出決定時信任你一樣,你也必須信任團隊成員所做的決定。

這也包括他們根據個人侷限做出的決定。個人侷限可能是技能、經驗或理解。但這並不重要。團隊中的每個人,包括你在內,都有其侷限。透過協作,沒有所謂對的決定。只有團隊的決定,才是團隊最好的決定。你們一起讓體驗機運行。你必須相信身旁的人將會盡自己的本分。

信任每個人的夢想

在電子商務網站,我想要伺服器去查詢資料庫再將結果傳送到瀏覽器上,以便使用者可以在沒有 JavaScript 的情況下查看搜尋結果。開發人員想要使用 Angular 函式庫。這表示伺服器不會傳送任何內容給瀏覽器。相反的,Angular 使用瀏覽器以獲取搜尋結果。

大多數使用者具有相同的經驗。使用者載入頁面並看到搜尋結果清單。對我來說,如果沒有 JavaScript,螢幕畫面將不起作用。該頁面無法依原定設計作用,但是對於開發人員來說,這是他們實現 Angular 的一個夢想。

你是否曾經在某處看到一些很酷且與眾不同的事情而想做做看？你感到興奮，並將這新玩意放入你的線框，或使用新的原型設計工具。在 *Becoming Steve Jobs*（暫譯：變成賈伯斯）一書中，作者 Brent Schlender 和 Rick Tetzeli 引用了 Jony Ive 關於夢想重要性的一段話：

> 在專案結束時，你實現很多事。有…實際產品本身，還有你所學到的所有東西。你所學到的東西與產品本身一樣實在，但更有價值多了，因為那是你的未來。你可以看到它往哪裡去並要求自己更多…它產生了這樣驚人的結果，不僅在產品上，更是在你的所學上 [3]。

也許團隊成員的決定感覺不切實際。也許這是基於一個他們在新事物上所學的夢想。你可能不了解該夢想的重要性，但是你必須尊重他們的決定。它可能不僅關乎你當前的專案。它可能是一個關於團隊能學習到什麼的夢想，以使他們未來可以成長。

信任每個人的回饋

你團隊中的每個人都有否決權嗎？任何人都能單方地駁回一個想法嗎？在 *The Toyota Way*（譯：豐田模式）一書中，前豐田經理人 Alex Warren，描述了他們如何賦予每個工人單方地停止組裝線的權力。

> 我們給予他們按下按鈕或拉線（稱為「安燈繩（*andon cords*）」）的權力，安燈繩會暫停我們整個組裝線。每個團隊成員都有責任在每次看到不標準的東西時喊停。這就是我們將品質責任交給團隊成員的方式。他們感受到責任，他們也感受到權力。他們知道他們自己很重要 [4]。

關於協作最糟糕的一件事情是當你努力工作、展示某些東西，收到的卻是批判性的回饋。就像你尊重團隊的決定一樣，你也尊重他們的回饋。當你和你的團隊思考 - 製作 - 確認事物時，你的團隊將提供

3　Schlender, Brent, and Rick Tetzeli. Becoming Steve Jobs: The Evolution of a Reckless Upstart into a Visionary Leader.（暫譯：變成賈伯斯：恣意妄為的新貴進化成有遠見的領導者）New York: Crown Business, 2015.

4　Liker, Jeffrey K. The Toyota Way.（譯：豐田模式）New York: McGraw-Hill, 2004.

很多初期回饋。你需要他們的回饋。他們需要你的回饋。你們彼此提供回饋有助於團隊建立更好的體驗。

雖然你需要包容每一個人並尊重他們的回饋，但這並不表示所有回饋都是正確的。回饋是要用來討論的。

如果你們共享同樣的願景且包容每一個人，那麼你將尊重他們的回饋來自好的出發點。這並不表示回饋不需要討論，而你不能嘗試推廣你的想法。如果某些事情對你很重要，請充分利用你的熱情和經驗，說明你的決定。接著讓團隊說明他們的回饋。最後討論所有回饋讓團隊作出最佳決定。

有時，團隊會同意你的看法。有時，你會同意團隊的。優秀的團隊不會永遠在所有事情上皆持相同意見，你也不總是喜歡團隊所作出的決定。這沒關係。協作是團隊的決定，而不是你認為最好的決定。

用 SCARF（圍巾）模型來衡量心理安全

尊重是一種情感的需求。它使你的團隊成員感覺自在，因此他們相信他們可以提供輸入和回饋而無需擔心受批判。NeuroLeadership 研究院的 David Rock 建立了 SCARF（圍巾）模型，來描述五種讓人們感到安全和受到尊重的情感需求。SCARF 代表著 Status（狀態）、Certainty（確定性）、Autonomy（自治）、Relatedness（關聯性）和 Fairness（公平性）（圖 3-6）。

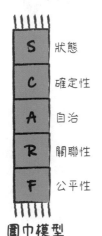

圖 3-6
SCARF 模型識別出五個情感需求，這些需求會影響人們協作的好壞：狀態、確定性、自治、關聯性和公平性。（Dave Gray，Liminal Thinking（暫譯：閾限思維）一書。）

情感需求可能像是那些不一定必要的溫暖小物。人類喜歡將自己視為有邏輯、理性的人，可去控制較軟弱的情感衝動。然而，正如 Rock 所指的那樣，情感需求控制著你的行為，跟生理需求一樣。為了進行協作，你的情感需求支配著你，不是你接近群體並參與，就是將群體視為威脅而後退[5]。

豐田在組裝線上設置的「安燈繩」顯示 SCARF 模型是起作用的。管理者授權生產線工人去建立出色的車輛體驗。正如 Warren 所說：「他們感受到責任，他們也感受到權力。他們知道他們自己很重要。」在 *Liminal Thinking* 一書中，Dave Gray 分享了一個問題清單，它透露出你與你的團隊成員共享多少信任[6]。

表 3-1　David Gray 的 SCARF 問題清單，用於評估團隊成員之間的信任

狀態	這個人是否感到有影響力、被認可和被其他人需要？
確定性	這個人是否對自己將發生什麼充滿信心，能夠以合理的確定性預測未來？
自治	這個人是否覺得自己可以控制自己的生活、工作和命運？
關聯性	這個人是否覺得他們歸屬於此？他們是否感受到關聯性；他們是否信任團體會照看他們？
公平性	這個人是否覺得自己受到公平對待？ 他們是否覺得「遊戲規則」給了他們公平的機會？

如果你與任何一位團隊成員的協作都感到窒礙難行，請用這個問題清單問問自己，以查找缺失的情感需求。良好的協作需要所有團隊成員都覺得自己歸屬於此，並被團隊需要和尊重。協作需要每個人都覺得自己是平等的參與者、被傾聽並受到公平對待。

5　Rock, David,「SCARF: A brain-based model for collaborating with and influencing others,」（SCARF：與他人合作並影響他人的大腦模型）NeuroLeadership Journal, No. 1, 2008.

6　Gray, David.「Liminal Thinking: Create the Change You Want by Changing the Way You Think.（暫譯：閾限思維：透過改變思維方式來創造想要的改變）」Brooklyn, NY: Two Waves, 2016. *http://www.liminalthinking.com.*

協作是做出更好產品的關鍵

如果你不主掌產品體驗（如果是你的團隊和公司主掌該體驗），那麼你就必須停止嘗試式控制體驗，而是開始改善這台體驗機器。

當你幫助團隊共享所知，每個人都朝著相同的目標努力，並以相同的準則做出決定。當你包容每一個人，你建立信任並幫助團隊同心協力向著最佳體驗。它也建立團隊觸及各個體驗部分之間的連續性。

當你與團隊成員和客戶合作地更好時，你擴展了你對產品體驗品質的影響力。你可以改善體驗機的每個步驟。協作幫助整個組織創造出更好的體驗。協作是你用來改造體驗機並建立更好體驗的工具包。

[4]

協作的實務：
制定、促進、完成

通常當我們想到協作，我們想到的是直接與他人工作、一起對話和討論，這是一種促進。然而，促進可能是協作中最不重要的部分。

協作包含三個部分：

- 制定（Frame）：你要協作什麼及你如何協作
- 促進（Facilitate）
- 完成（Finish）：協作的最終結果

在本章中，我們將看看制定 - 促進 - 完成如何幫助你實踐更好的協作。

本書中的每個工具都依循同樣的路線圖：制定、促進、完成。無論是走廊上的對話還是簡報給 CEO，都可套用相同的路線圖。一旦你學習並依循此路線圖，你將改善與任何人就任何事情進行協作的方式。

協作就是協作問題

當有人問你一個問題時，你便會開始回溯可以自己多年的經驗、你的教育和你自己的知識庫。設計專家從他的設計觀點回答問題。開發人員從他的開發觀點回答問題。這也發生在你去看醫生時。當你告訴醫生：「我這樣做會很痛」時，醫生立即轉換為醫學專家模式以提供診斷和治療。

當你以專家角度去回應時，著名組織發展思想家 Edgar Schein 以「流程會診（process consulting）[1]」這個用語來稱之。當你以專家角度去回應時，你用你自己的專家流程逐步找到專家的解答。在你還在納悶你的預設專家模式是否為解決問題的對的方法之前，你就已出於習慣性地轉到專家模式。

當你著手一個專案並尋找協作方式時，請把你平常的專業知識放在一邊。你對線框、人物誌或調查的了解完全無法幫助你協作。協作不是一個設計問題。它是一個協作問題。用制定 - 促進 - 完成路線圖來看如何去解決這樣的協作問題。

協作有一個可重複的結構

協作有其構造。首先，你制定問題，然後你探討和討論，然後你再決定出一個共同答案。把它想成是制定、促進、完成（圖 4-1）。

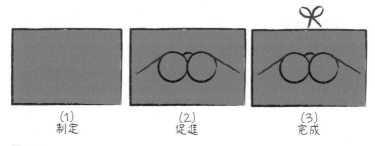

圖 4-1

要進行協作，你首先要制定問題，然後促進探索和討論，最後完成做出共同決定

協作是種對話。就像任何對話一樣，當你開始，你告訴每個人你正要說什麼。然後，你繼續說著那些東西。最後，你結束對話。在良好的對話中，你制定出主題，促進討論，然後完成對話。

當人們想到協作時，他們的想法會停留在中間，即促進上，人們在此促進階段會提出問題、會有便利貼和草圖發生。然而，協作其重要的部分並不是促進。而是確保你創造出某些有價值東西的部分，

1　Schein, Edgar H. Humble Consulting: How to Provide Real Help Faster. Berrett-Koehler Publishers, 2016.

協作的開始和結束，即制定和完成。因此，在我們深入探討促進之前，讓我們先從制定和完成開始看起。

協作從制定開始

(1)
制定

協作的路線圖的第一步是制定。當你從制定開始時，你告訴每個人什麼是可期待的。你告訴他們你將談論什麼。如果不只是對話，你說明每個人將做什麼，並描述此對話為何重要。

制定在微觀上發揮我們三項協作原則的重要功效。當你分享你將談論什麼、可期待什麼及為何重要時，你即埋下了共享所知的種子，而這正是有效對話所必需。框架也提供了一個機會，可以明確地包容每個人，並進一步強化你歡迎並尊重他們的貢獻。

這似乎要做很多，但只要四個簡單問題即可透露出你創建制定所需的一切：

- 你將做什麼？

- 當你完成時你將會有什麼？

- 你將如何做？

- 它為何如此重要？

如果你想要跟數個團隊成員協作以草擬出介面，你可能回答上述這些問題如下：

你將做什麼？	我們將草擬這個螢幕畫面。
當你完成時你終將會有什麼？	完成時，我們將有一個大家都同意的線框圖。
你將如何做？	我們將一起草擬這個螢幕畫面。
為何這是重要的？ （你將用它做什麼？）	一起草擬這個螢幕畫面，將確保我們都同意我們所建構的，以及為什麼要建構它。

制定創建一個協作的思維

要草擬螢幕畫面，很多的前期準備是要告訴每個人你將做什麼，但這是重要的前期準備。當每個人都知道協作會是怎樣的，你即設下了三個重要期望。

首先，你播下了他們將參與的種子。這將使他們的思維從觀察者轉成協作者。當你告訴他們他們將做什麼時，他們會想像自己為討論做出貢獻，並主動拿起麥克筆。

其次，當你告訴他們他們終將會有什麼，以及為何這是重要的，他們會明白為何他們應該要關心。這會鼓勵他們投入於討論及參與。

最後，當你說明你將如何做時，他們將知道可期待什麼。例如，如果他們知道在草擬前會問問題，那麼當你在詢問有關使用者和任務而不是草擬時，他們將不會感到不耐煩。因為當團隊知道將會發生什麼時，他們知道要信任你正努力實現最終目標－制定出所有人都同意的線框稿。

精心制定好的討論會觸發協作的原則。當你告訴團隊你在做什麼（以及為什麼要做和如何做）時，你創建對話的共同願景。而當你說明自己將如何做並具體說明每個人參與時，你正包容所有人，並意味著每個人的投入都將被信任。

與較有經驗的團隊，則制定可縮略

如果你和你的團隊先前曾協作過，重新說一下你在做什麼及其原因還是很好。這樣可以確保每個人都在同一條路上行進，且沒有忘記任何重要步驟。但是，對於經常合作的團隊，你可以縮略制定。

使用草擬的例子，你可以說：「我們將草擬此螢幕畫面，將確保我們同意要建構的內容及原因。讓我們從使用者和情境資訊開始，然後再草擬螢幕畫面。」

此時，不一定要像我們之前那樣回答一連串的四個問題。自然地對話。使用這四個問題作為清單，確保你已包含所有必要資訊在制定中。一旦設置好制定後，你就可以促進對話了。但是首先，比促進更重要的是，你必須知道你將如何完成。

用捕獲的成果完成協作

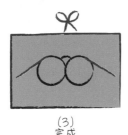

(3)
完成

協作路線圖中的最後一步是完成。當團隊達成共識後，良好的協作結束。藉由同心協力，團隊做出共同決定。而且，如果你沒有明確地捕獲這成果，則沒有人能確定你們做出了決定。在前面例子中，成果是螢幕畫面的草圖。所有的對話和協作都會有成果。確保你捕獲此成果，是良好的完成的關鍵。

無論你是在目標和願景、使用者、旅程或介面上進行協作，每次討論的結束都可以產生以下兩種成果類型之一：

- 單一件事
- 數件事

在此例中，當完成後，我們有單一螢幕畫面的單一個草圖。我們結束於單一個草圖，是因為我們想在單一個草圖上看法一致。相對地，如果我們想草擬五種不同方式的螢幕畫面，則最終成果就會是多個草圖。

當然，草圖不是唯一捕獲成果的方式。你可以用四種不同型式捕獲成果：

- 文字
- 圖表
- 草圖
- 工作表或畫布

在以下每個單元中，每個客製的工具都會告訴你如何得出精確的、具體的、可行動的和有紀錄的成果－以不同的型式。藉由捕獲的成果，你可得知團隊是否已完成協作。

但是你不能因此馬上離開會議室。沒有人會知道發生了什麼事。一旦取得成果，你必須明確讓所有人知道你們已完成。你可以用過去式重新改寫制定來做到這一點：

- 你做了什麼？

- 你最終得到什麼？

- 你是怎麼做到的？

- 為何這是重要的？

使用我們的例子，你可以像這樣描述成果：

你做了什麼？	我們繪製了此螢幕畫面的草圖。
你最終得到了什麼？	現在，我們有了大家都同意的線框。
你是怎麼做到的？	我們一起繪製了螢幕畫面草圖。
為何這是重要的？	一起繪製螢幕畫面草圖可確保我們都同意建構的內容及原因。

當你用這種方式完成後，就像是你關閉了制定。你重述做了什麼、為什麼要做，並提醒每個人這為什麼重要，以及它將如何有助於前進。關鍵的是，好的完成結尾提醒團隊他們曾協作、是成功的，並能展示他們在這段時間內之所為。

當你計劃時，以終為始

你還記得 Stephen Covey 所建議的要記得以終為始嗎？當你完成你最終想要完成的東西時，你的協作才是成功的。這意味著，在開始之前，請先識別你想完成的東西。且要具體。

你將完成單件事嗎？還是數件事？它們將是文字、圖表、草圖還是工作表或畫布？

這樣的完成，這樣的成果，驅動著所有事情。它驅動制定，它標示出完成，並導引著促進。

透過四個步驟去促進協作

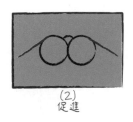

每當有人尋求在研討會或其他協作會議的幫助時，他們想要在促進上獲得幫助。人們會參與嗎？他們會依從指示嗎？如果某人說太多或說太少怎麼辦？如果參與者不同意該怎麼辦？

促進似乎是最重要的協作技能，但事實並非如此。即使促進是制定 - 促進 - 完成中的第二步，但由於幾個原因，我們放在最後介紹它。第一，要進行協作，你要從完成開始並識別出成果。第二，在制定中，你要說明成果以及如何實現。只有在你識別出成果並設置好制定後，你再開始思考促進。從這個意義來說，促進是協作路線圖中最不重要的部分。

另一個我們把它放在最後才介紹的原因是：促進初看不容易但實際上不難。當你看完後面客製工具單元時，你會發現促進都是同樣的四個階段。無論你是在使用者、旅程還是介面上進行協作，促進只包含四種類型的活動（圖4-2）：

- 開始
- 分析
- 合成
- 結束

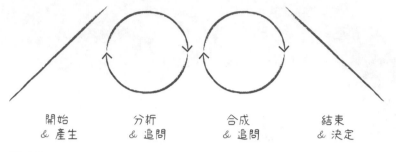

開始　　　　　分析　　　　　合成　　　　　結束
& 產生　　　 & 追問　　　 & 追問　　　 & 決定

圖 4-2

良好的促進經歷四個階段：開始、分析、合成和結束

開始階段是你從無開始並產生一些想法和起點。分析階段，你分解這些想法以了解它們更多。接下來，你合成這些想法成為某些新東西，最後，你到達一個停止點時結束。

偏激一點，用這四個步驟切割每個協作會議、工作坊和小組活動似乎異常便利。但是，請跟著我繼續往後看。在後面各節的每個工具，這四個步驟展示其能多有效地聚焦和改善促進。

你可以在其他相關書籍中找到類似的促進的結構。Dave Gray、Sunni Brown、James Macanufo 在其出色的 *Gamestorming*[2] 一書中建議了一組類似的步驟，另 David Sibbet 在 *Visual Meetings*[3] 一書中提供了相似的結構，雖然步驟的順序不同。

正如前面我們在制定和完成所看到的那樣，四個問題可確保你把協作計畫好。同樣地，促進的四個步驟也有像清單一樣的作用，因此你可以盡可能地做出成功的協作。而且，這個結構可讓你將更多精力放在協作本身，而較少在你擔心的運作方法上。

2　Gray, David, Sunni Brown, and James Macanufo. Gamestorming: A Playbook for Innovators, Rulebreakers, and Changemakers.（譯：革新遊戲）Sebastopol, CA: O'Reilly, 2010.

3　Sibbet, David. Visual Meetings: How Graphics, Sticky Notes, & Idea Mapping Can Transform Group Productivity（暫譯：視覺會議：圖片、便利貼和構想圖如何能轉變群組的生產力）. Hoboken, NJ: John Wiley & Sons, 2010.

魔法般的促進眼鏡

我有兩個孩子，分別是七歲和十二歲，所以哈利·波特在我家地位很高。當七歲的孩子看到這個促進步驟時，她大喊：「哈利·波特的眼鏡！」

果真，它確實看起來像哈利·波特的眼鏡。我希望你能記得促進階段像一副眼鏡。你戴上這個眼鏡來跟你的團隊協作。分析和合成是你用來看問題空間的鏡片，感知那個世界的方法。而開始和結束是鏡架，它們將鏡片與你的頭腦相連。

無論何時你開始協作，戴上你的魔法促進眼鏡，以記起如何好好地看這些問題。

步驟 1：開始

如果你想在某個主題上協作，則你需要在某些東西上開始協作。這就是為什麼促進從開始步驟起始。在開始階段，團隊會產生大量的選項和想法。在開始階段，你可以「讓人們思考並啟發他們的想像力。[4]」英國設計委員會稱開始為「「想法發散的階段」，在此階段⋯團隊成員保持廣泛觀點，允許各式各樣的想法和影響。[5]」

開始階段從開放性問題開始：

- 什麼樣不同類型的使用者可能會使用此 app？
- 什麼類型的內容我們可以放在此介面中？

在開始階段，什麼都可以。你想創建許許多多的輸入。開始期間產出的想法會供給後面階段使用。在接下來的階段中，團隊將分析並合成這些輸入。團隊產出越多選項，成果越好。

有時候，你不需要產出一堆選項清單。有時候，你會有一份作為開始的既有清單。舉例來說，你可能不需要腦力激盪出各種使用者，是因為你已經有一份既有的使用者清單。在這種情況下，不用重新產出選項，而是可以從提醒每個人選項已有哪些來開始。無論哪一種情況，都可以使用這個開始階段來識別出可能選項，供給後續分析、合成和結束階段使用。

在開始期間，你用腦力激盪這樣的活動來促進。

---

4 Gray, David, Sunni Brown, and James Macanufo. Gamestorming: A Playbook for Innovators, Rulebreakers, and Changemakers.（譯：革新遊戲）Sebastopol, CA: O'Reilly, 2010.

5 A Study of the Design Process. The Design Council（英國設計委員會），2005. Web. 5 Jan. 2017.

步驟 2：分析

在分析，依序一個個深入了解每個輸入。一旦你的團隊有大量輸入，你要開始進行篩選並弄清事物本質。在分析階段，你想更了解各個選項，將它們分解成較小的部分，並了解它們的構成。

在分析期間，你問這些問題以探索選項細節：

- 這是由什麼構成的？

- 這如何起作用？

- 這是從哪裡來的？

- 你能提供一個例子嗎？

分析就像透過鏡片查看，以更了解你的團隊在開始階段產生的輸入。分析不是唯一的鏡片。在分析後，你會再透過另一個合成鏡片來查看這些選項，但是你要對可用選項有充分了解之後才能進入下一個合成階段。充分理解才會知道選項方向是相似還是不同。這些所學將供給下一階段，當我們合成所學內容時用。

分析也有助於驗證

當你提出問題以了解更多有關輸入的資訊時，你即提供一個澄清的機會。你讓會議室裡的人去探索他們是否對某事的理解有所不同。在一次會議中，一個網站的使用者被命名為「決策者」。我以為那是指開支票的人。但事實上，那位「決策者」是一名工程師，他負責確保購買物符合技術規格。問這個誰是決策者的問題，幫助團隊驗證其意義。

步驟 3：合成

在分析階段，你了解每個所產出選項的更多資訊。而在合成階段，你明白各種選項之間如何關聯。

在合成階段，你提出以下比較和對比的問題：

- 這些選項有何相似之處？
- 它們如何不同？
- 它們如何關聯？

合成是你用來了解開始階段輸入的第二個鏡片。你使用分析後的所知來探索輸入之間如何關聯。在合成過程中，你通常創建親和圖（affinity map），並根據共同性將便利貼分組。你也創建地圖和圖表。這些輸入是否因時間性而相關？是否其一輸入會進化成另一個輸入？它們是否是單一流程的不同部分？

例如，比方說你與客戶合作，並識別出咖啡網站的三種使用者類型：

- 不定期喝咖啡的人（Casual coffee drinker）
- 定期喝咖啡的人（Regular coffee drinker）
- 咖啡行家（Coffee connoisseur）

在分析期間，你可能會產出各種使用者類型的所有任務、情境及需求。你將知道如何識別這些使用者。是什麼讓使用者被定義為「不定期喝咖啡的人」？在合成階段，你可能會發現這三類人都代表同一位使用者，只是處於喝咖啡歷程的不同階段。

永遠追問更多

在分析和合成兩階段，你通常都有機會超出最初的討論範圍並追問更多資訊。當你追問時，你會迫使團隊用不同角度思考。在追問時，你問一些促使團隊思考新的可能性的問題：

1. 我們有遺漏什麼嗎？

2. 有不同的方式讓我們去思考它嗎？

3. 有不同情境但相似事情能讓我們應用在此嗎？

在分析階段，你可以追問團隊去思考其他新輸入或其他理解既有輸入的方式。而在合成階段，你可以追問團隊去思考每個輸入比較的方法或找關聯性的新方法。

與開始階段一樣，追問讓你再次在流程中注入發散的想法，以捕獲任何你可能錯過的想法。追問，改善團隊對問題空間的了解。

步驟 4：結束

最後，你需要一個具體的、捕獲到的結果。結束是促進的最後階段，剛好就在你從促進往下走到完成之前，因此現在是時候將協作帶往結束了。結束是開始的相反面。不是產生新選項，而是集中注意力並識別出最終選擇。團隊做出成果的決定。當你結束協作，你可以記錄下這些決定作為完成的最終成果。你從輸入的討論移至輸出的選擇。

在結束階段，你問以下決定的問題：

- 哪些想法較重要？

- 哪些想法較可行？

- 我們最喜歡哪些想法？

在結束期間，你用排列優先順序和投票等活動來促進。此結束步驟創建出團隊的共同願景，其關於哪些是重要的、哪些是已決定的和哪些要繼續進行。且一旦決定了，你就準備好移往完成、記錄成果並將協作做個結尾。

正式和非正式的協作

所有這些結構使協作感覺非常正式。它可以很正式。在像研討會這樣正式的協作會議中,這個結構非常有意義。

對於非正式協作而言,結構化方法同樣有價值。當你在走廊遇見你最喜歡的開發人員或進行線框審查時,這時結構就像清單一樣。這結構使對話保持不離題,並確保你結束對話時產出有價值、具體的決定。沒有被浪費掉的會面!

有些人喜歡結構。他們依此而生。

其他人不喜歡結構。他們喜歡即興。他們信任他們的經驗和直覺可以引導他們走過設計流程,並與他們的團隊協作。如果你對結構感到不自在,那麼這些階段和步驟可能會讓你感覺矯造和受限。

我知道了。我就是這些人其中之一。我不喜歡結構。我喜歡自由做。

不要把這個結構想像是監獄的鐵欄杆那樣阻礙你前進。這個結構更像單槓,是你可以爬上跳下的遊樂場。這個結構使你可以在安全、富成效的空間中自由奔跑與協作。

設計和協作，現在在一起了

體驗機感覺就像是一個巨大、龐大的大型建築，抗拒著改變。然而你能讓它更好。在你下一個專案加上多一點影響力或授權，本書的工具可以幫助體驗機建構更好的產品。加上多一點影響力或權力改善你下一個專案，本書中的工具可幫助體驗機建構更好的產品

讓專案更好的關鍵是更好的協作。協作路線圖的制定 - 促進 - 結束作為清單，幫助你構成與協作眼鏡的團隊合作，幫助你構成協作以獲得最佳成果。

在你設計體驗時，思考 - 製作 - 確認和保真度提供了一個框架，用來管理你做了什麼，但如果你不能與組織同心協力去建構事物，那麼設計就毫無意義。協作路線圖說明了為何這些工具能起作用。制定 - 促進 - 結束則告訴你如何使用它們。

你的組織將建立更好的體驗，而你將是那個提供幫助的人。

[*II*]

專案策略

策略

一位工匠仔細的砌著磚,大家都可以發現他是如何用心在建造他的作品。一位路過的牧師問他在建造什麼。工匠說:「我們正在建造一座大教堂。」

牧師說:「你的職人精神是你信念的證明。」隔一週,當牧師經過時,他看到一位新工匠。當他問起前一週那為出色的工匠發生了什麼事時,他得知那位用心的工匠被開除了。「為什麼要開除一位用心建造大教堂的工匠?」

「因為我們正在建造工廠。」

體驗機的一開始存在著你做的東西其背後的理由，即策略。專案的目標和產品願景應引導你和你團隊所做的一切。但是…你和你的團隊必須分享相同的目標和願景。

你的團隊可以一起做得更好，而你將幫助他們做到這一點。在本節包含的各章中，我們將檢視策略的基本要素，然後探討兩個協作活動，這些活動可幫助專案團隊創建並一致其共享目標和未來願景。

[5]

策略的整體概況

為了策略會議，服務現場管理人員、IT 團隊和一位形單影隻的行銷人員聚集到會議室中。這是一個專業團隊。每位經理人都藉各種管道（包括手機、網路和店內）提供了高績效的服務。他們有願景（他們想要去哪裡）、有帶領他們前往願景的目標，也了解所面對的問題。

IT 人員想要最小化服務。行銷人員想要推動技術極限。門店人員想要較簡單的店以減少等待時間，而陳列人員則想要用小飾品來裝飾店面。他們都有願景，但是他們有的是不同的願景。他們沒有一個單一、清晰的共享願景。

這就是策略：一個單一、清楚的明線，組織內的每一個人都能**一起**看到、理解並依循。當每個人共享相同的目標和願景時，體驗機的每個部分才能和諧地與其他部分共同運作。而且，就算他們所建構的可能不是對的東西，但至少他們建構的是相同的東西。

共享的願景和目標幫助團隊保持一致，使其更加同心協力。共享的願景和目標幫助你的團隊與更廣泛整個組織同心協力。本章將策略拆解成較小組成，因此你可以識別出團隊可能不一致的地方，並讓每個人再次同心協力。

策略可分為三個部分：

- 目標、驅動力和障礙：策略環境的三個部分
- 四種障礙類型：技術、文化、流程和人員
- 三種目標類型：專案、部門和組織

在本章的結尾，你將能夠診斷和應用這裡的工具，以幫助你的團隊
識別目標並在願景上達成一致。

策略涉及改變

策略說明了你如何從現在狀態進化到未來狀態（圖 5-1）。

圖 5-1
策略定義了組織如何從現在
狀態進化到未來狀態。

當然，可能的未來狀態不止一個。你的目標描述你如何從現在狀
態，進化到各種可能中的那單一個、最想要的未來狀態（圖 5-2）。

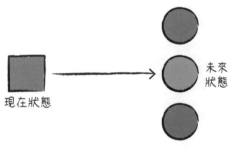

圖 5-2
目標幫助了你的組織從其現
在狀態逐步發展為單一個、
最想要的那個未來狀態。

如此一來，策略即代表著體驗機未來計劃要做什麼的一種選擇。而
目標導引著這些選擇。當然，目標不是憑空存在的。組織的環境會
影響其策略。以下三個問題可以揭露你策略的背景：

* 我們為什麼要改變？是什麼在推動這改變？

* 我們為什麼不改變？是哪些障礙阻止了改變？

* 將會改變什麼？是哪些具體行動表明了改變成功的跡象？

驅動力說明為何要改變

策略著眼於從現在狀態到未來狀態之間的轉變。往前看,很容易聚焦在你如何到達那裡(目標)、你過程遇到的障礙以及成功看起來的樣子(願景)。然而,在跳往未來前,請先了解你組織的過去和現在。

許多專案即使不理解「為什麼」仍做的很好。但是,理解「為什麼」將使團隊於更高的目標上一致。「為什麼」是號召的一部分。如果沒有好的理由,組織不會花費資源去改變成為未來狀態。組織的驅動力說明了為什麼你想要從現在狀態轉變成未來狀態(圖 5-3)。是什麼力量推動組織去改變?

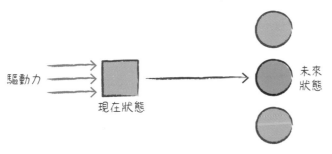

圖 5-3
驅動力代表著推動組織去改變的力量。

另一種識別驅動力的方法是詢問:如果我們不改變,會發生什麼事?一家製造商認為,如果他們沒有開展電子商務網站並在五年內增長為公司總收益的 25%,他們的市場佔有率會被競爭對手攻佔。對於該製造商而言,「沒有開展事業」驅動了改變,從製造商和經銷商改變成銷售和管道平台。

所有專案都有其驅動力。一家汽車製造商認為,他們已使顧客終生價值最大化、盡可能的優化,並實現了他們收益的最大化。他們設想的一個未來狀態,是客戶終其一生會購買更多。收益的增加驅動著組織改變,從最大化收益這樣的現在狀態轉變為更高客戶價值的未來狀態。總是有些東西驅動著組織去改變。

驅動力說明組織改變的範圍和規模。除非是真的被怪獸追趕,否則人們無端尖叫奔跑是很愚蠢的。

障礙說明什麼阻擋了改變

驅動力代表推動組織去改變的力量，而障礙代表妨礙改變的相反力量（圖 5-4）。障礙回答了這個問題：為什麼你的組織還沒有改變？

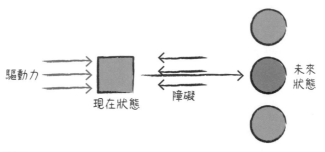

圖 5-4
障礙代表妨礙改變的相反力量。

四種妨礙組織到達未來狀態的障礙類型：

- 技術障礙
- 文化障礙
- 流程障礙
- 人員障礙

技術障礙

一家金融服務公司希望員工停止在筆記型電腦上儲存敏感的、機密的檔案。這不是一般的「機密」資料。在金融服務業，如果機密資料洩漏，洩漏者將會入獄。為了解決這個問題，該公司決定強迫員工將檔案儲存在安全加密雲上。不幸的是，該公司沒有安全加密雲。沒有安全加密雲是技術障礙的一個例子。這個障礙妨礙公司到達未來狀態。

文化障礙

除了沒有安全加密雲，這家金融服務公司還面臨著文化障礙。員工們不相信任何系統能像自己的筆記型電腦一樣安全。基於此信念深植於企業文化中，企業員工永遠不會將敏感文件移動到雲上。即使

克服了技術障礙擁有安全的雲，員工也深信文件在雲上較無安全性，因此他們不會移動它們。這公司的文化變成改變的障礙。

流程障礙

導致員工缺乏信任的其中一個原因是該公司沒有管理安全的流程。當員工將敏感文件存放在個人筆記型電腦上時，他們使用自訂的、隨意的流程提供訪問權限給客戶和團隊成員。如果沒有共享流程去確定、指派和控管安全，該公司就無法順利移動至安全雲。

人員障礙

最後一種障礙類型與人有關。就像技術障礙一樣，沒有對的人，組織就無法改變。一家大型軟體公司希望從向資訊長銷售轉變為向消費者銷售。但是，他們團隊中只有一名成員具有線上行銷經驗。該公司需要具有數位策略能力的人員。他們有人員障礙。雖然可以藉由聘僱或訓練來克服人員障礙，但在組織擁有對的人員和能力之前，無法轉變為想要的未來狀態。

目標和往未來狀態去

當專案開始，即使每個人都認為他們知道目標是什麼，仍會有三個問題出現：

- 人們無法清楚表達他們的目標，因此他們無法運用目標做決定，或是
- 即使他們已經清楚表達他們的目標，但是還沒分享它們，因此他們不知道團隊是否共享相同目標，或是
- 他們已經清楚表達並分享他們的目標，但不是每個人都理解或同意這些目標。

現在狀態、未來狀態、驅動力和障礙代表構成你策略的背景環境。目標說明你如何相信你將導引此背景環境抵達未來狀態（圖 5-5）。

James Kalbach 將目標定義為「環環相扣的一套選擇，使行動一致並展示前因後果：如果我們做了這個，則我們期望看到那個。[1]」

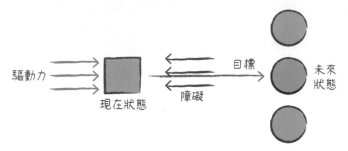

圖 5-5

現在狀態、未來狀態、驅動力和障礙—這些代表著構成策略的背景環境。目標將此連結在一起。

一家大型零售連鎖店希望為企業客戶提供一個客戶入口網站。這不是目標。這是一個產品：我們將有一個企業客戶入口網站。零售連鎖店的兩個目標是：

- 讓客戶更容易與他們做生意，及

- 提供給客戶更多的個人化行銷。

做「這個」並期望得到「那個」，可應用於具體的活動上。「如果我們建構入口網站，客戶將使用它進行自助服務。」這更像是一個戰略目標，某個要實現的具體事情。目標是方向性的，不是那麼具體的。「如果我們改善客戶服務（目標），使用者互動將更好（未來狀態）。」目標從不說出要如何實現它（客戶入口網站）。目標只陳述著為了達到未來狀態，你將朝著這個方向前進。

而產品或服務則是如何做到目標的答案。我們將如何改善客戶服務（目標）？我們將建立一個具有自助服務功能的入口網站（產品或服務）。為了實現目標並達到未來狀態，我們將建立一個客戶入口網站（表 5-1）。

1　Kalbach, Jim. 「UX Strategy Blueprint.（UX 策略藍圖）」EXPERIENCING INFORMATION. Jim Kalbach, 12 Aug. 2014. Web. 03 July 2017. *https://experiencinginformation. com/2014/08/12/ux-strategy-blueprint/.*

表 5-1　目標及其產品的範例

目標的範例	產品的範例
讓享受音樂更容易	iPod
讓協作更容易	SharePoint
讓跨管道銷售更容易	Sitecore

這些目標中沒有一個會去規定事物將如何發生，只有說明你想要它發生。目標是你要前進的方向。不是你到達終點時會存在的東西。

三種目標類型

通常，說到目標指的是使用者目標或某人的個人目標。但重要的是，當你識別並定義組織策略時，你將專注於組織的、部門的或專案的目標。要探出目標可以只是問個問題這樣簡單。要問什麼問題？如果你問五個人關於他們的目標，不僅你會獲得不同目標，而且會是不同類型的目標。其實，會有三種目標類型。

組織目標

組織目標識別組織，整體來說，想要完成的目標。當你看到人們談論「大 S」策略時，他們談論的正是組織目標。例如，一家國際咖啡公司的組織目標可能是要擴大他們的客戶群。

部門 / 業務目標

部門或業務目標描述了組織內部特定部門想要完成什麼。若一家國際咖啡公司的組織目標是擴大客戶群，則其部門 / 業務目標則應支持並能使組織目標實現。例如其電子商務部門可能有一個目標是要改善新訪客的轉換率。藉由改善轉換率，這個電子商務部門幫助組織擴大客戶群。

專案目標

專案目標詳細說明特定專案要完成什麼。例如，電子商務部門可能會啟動一個專案來改善網站的個人化。藉由改善個人化，他們希望改善轉換率進而擴大客戶群。

在你的組織內和專案中，所有這三種目標應一個接一個排好並增援
彼此（圖 5-6）。

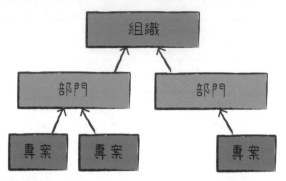

圖 5-6
所有你的組織目標應一致，因此專案目標幫助部門目標實現，進而幫助組織目
標實現。

使用上面的案例，該專案的目標是改善個人化，這幫助部門目標改
善轉換率，進而幫助組織目標擴大客戶群（圖 5-7）。當專案和部門
目標支持組織目標時，我們說他們「往上階走」。

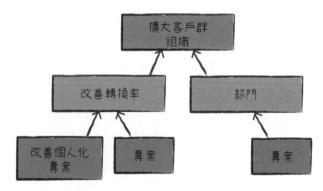

圖 5-7
改善個人化的這個目標，有助於提高轉換率這個目標，進而有助於擴大客戶群
這個目標。

雖然策略識別出關於產品或專案及其目標的複雜背景，但要開始理
解或構思出策略，你要從目標開始。

用對的高度創新

兩名顧問飛往印第安納州，與客戶討論其客戶入口網站。在一般郊區的路口，客戶的一樓高、不起眼的辦公室坐落於加油站後面，對面即是商店街，就像你在美國郊區普遍看到的景象。一群管理者擠在會議室桌子的一端。兩位顧問追問管理者們關於他們的目標、挑戰和需求。

聽完這些資訊後，第一位顧問問客戶：他們如何想像客戶這個使用入口網站。第二位顧問則表示該入口網站將建構在 IBM WebSphere 上。第一位顧問有一個問題要追問。第二個顧問則有解決方案要執行。

專案存在於以下兩種背景之一：

- 探索可能的解決方案
- 追求單一解決方案

雖然協作結構是一樣的，但要探索的專案所需的方法，與要進行特定解決方案的專案的方法略有不同。

探索模式下的專案

探索模式的專案尚未決定解決方案。不只是解決方案未知，問題也可能未知。

對於探索模式的專案，你要想方法去制定問題，再去想各種方式以解決那些問題。不是要努力達成一個解決方案，而是要努力達成了解及解決方案可能是什麼。

如果你還沒有確立解決方案，並且正試著了解各種選擇，那麼你就是在探索。你正尋找創新的新方法、解決問題的新方法。在探索模式下的專案中，你使用協作來產生和探索各種選項。

解決方案模式下的專案

你已經看過解決方案模式下的專案了。在這些專案中，問題是已知的，解決方案是已知的。在解決方案模式下，你在 WebSphere 中建構客戶入口網站。對於解決方案模式下的專案，你設計可去執行解

決方案的方法、迭代這些想法並測試他們。在解決方案模式下，你對解決方案的方法進行思考 - 製作 - 確認。在解決方案模式下，你使用協作來迭代和完善你選好的解決方案。

在探索和解決方案之間移動

在不同時間點，你可能會專注於探索，或解決方案。然而，協作在兩者間遊走的狀況很常見。你將發現你們的討論從一種情境轉移到另一種情境。

在探索可能的解決方案時，你可能會深入研究特定解決方案以思考執行。這幫助你了解你正探索的不同解決方案。而研究好特定解決方案時，你可能會跳回探索並想知道是否有不同解決方案可更容易執行。

這樣的跳躍是思考 - 製作 - 確認流程的一部分。你跟著想法得出其必然的結局，來看看它們是否會依你所想的走。這也有助於優化你的決策。鑑於你現在所知的，也許你當初應該做一些不同的事情。

讓團隊專注在對的目標上

你的專案是處於解決方案模式或探索模式，會改變你對目標、願景和障礙的對話內容。大多數情況下，你將在解決方案模式下，此時的障礙、目標和願景會非常聚焦於個別專案上。

確保你的目標會往上階走（從專案到部門到更廣的組織目標），此有助於你的團隊做出產品階的決策，以及將該產品的價值傳達給組織的其他成員。能夠區分專案、部門和組織目標，對於清楚地溝通價值是非常關鍵的。

在下一章，我們將探討一些方法，以確保你和你的團隊有識別出專案的對的目標，且確保整個團隊都一致於相同的目標。

[6]

用目標圖識別專案目標

有人分享了他們設計出的儀表板（dashboard）。我問：「你為什麼要做這個儀表板？這個儀表板如何幫助組織？」他們不知道。我再問：「你怎麼知道什麼對組織是好的？」

如果你不知道專案目標，要做出好的決定是很困難的。這讓團隊變得無方向和漫無目的。他們划著船，卻沒有要去任何特定的地方。當你識別出專案目標時，你可以幫助你的團隊航行地更好。

在任何時候有人問為什麼，你的團隊應該於所有目標及什麼是最重要的目標上達成一致。在本章中，我們將看目標圖如何幫助你思考並與你的團隊，在一組有優先順序的專案目標上達成一致。

我會使用目標圖作為啟始會議的一部分。當我偶然加入不熟悉專案的討論時，我會使用簡略的、口語的版本。我們將先看會議版本，然後再談到如何調整方法成為較非正式的。

目標圖如何起作用

目標圖使用一個常見的方法來產出清單並將其排列順序（圖 6-1）：

1. 個別地，每個人產出自己所認知的專案目標，然後與群體分享那些目標。

2. 同心協力，依相似性一起將所有目標分組。這些就是「主題」。

3. 同心協力，一起商定每個主題的名稱。

4. 同心協力，一起將主題從最重要到最不重要進行排序。

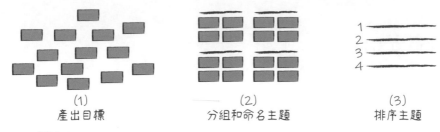

目標圖

(1)
產出目標

(2)
分組和命名主題

(3)
排序主題

圖 6-1
生成目標並將其分組成各主題，然後對所有主題進行順序排列。

在活動結束時，團隊將產出三個具體的結果：

- 從團隊所有人而來的目標

- 各個團隊目標的主題

- 排序後的團隊目標清單

何時要制定專案目標

在新專案開始時制定目標並達成一致，以確保團隊在最重要的事物上保持一致。

當團隊在專案中途對於如何完成某事上有不同意見時，目標圖也有幫助。這些分歧標示出專案目標深層的不一致。

輸入和快速啟動

作為起始會議的活動，如果你從什麼都沒有的、大大空白的白板或白紙來開始會非常好。但如果你想從一些東西上開始討論，請找一個既有的專案目標清單。如果找不到既有目標清單，請每個團隊成員分享他們所認為的目標。你要每個人都分享三個目標。

你將使用的素材

目標圖

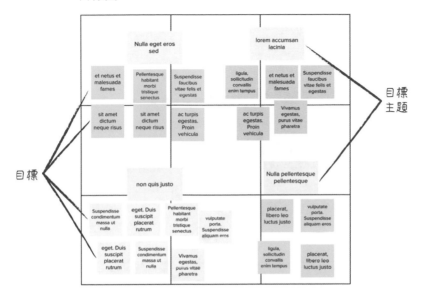

圖 6-2

目標圖有三個部分：目標圖、可移動的目標和可移動的主題

目標圖

在白板或牆壁上繪製或投影出一個目標圖，或把圖繪製在一張紙上
（圖 6-2）。使用空白的或 3×3 方格來幫助經驗較不足的參與者進
行分類。

個別目標

目標一旦識別出來後，可以被移動。從團隊成員提供的目標中捕獲
這些目標。使用可移動的便利貼或紙片，或使其易於擦除和重寫。

目標主題

當團隊將目標分組成主題時，這些主題也是可以移動的。把主題放
到目標圖上。

在網站上查找範本、框架素材和遠端資源：
http://pxd.gd/strategy/goal-map

活動 1：產生並分享每個人的專案目標

每個人都有其參與專案的理由。關於專案為何存在每個人各有自己的看法及其自己的議題。為了同心協力，識別出每個人個別的目標，以使每個人都感受到是團隊的一員被接納並受重視，是很重要的。同樣地，每個人都一致於專案為何重要也是很重要的，所以你們會有一個共享的框架來做出重要決策。

在此活動中：

- 每個團隊成員將單獨產出他們對專案所認知到的目標 3–5 個。這些可以是他們的個人目標，也可以是他們所認為的組織目標。

- 每個團隊成員將與團隊其他人分享他們的目標。

如果你的組織已經定義了專案目標，與其跳過此活動，不如使用既定的目標開始討論。但如果你確實已跳過目標產出，從活動 2 的分組開始，確保團隊識別出 3–5 個全局性的目標（在本章後面）。

制定

你將做什麼？	列出 3–5 個專案目標
結果是什麼？	來自每個團隊成員的目標清單
為何這是重要的？	確保團隊有說明並包含每個人的目標
你將如何進行？	獨自進行

要制定目標產生，請說出類似這樣的：

> 「關於這個專案的目標，每個人都有自己獨特的看法。每位都
> 花幾分鐘來列出我們自己認為重要的 3-5 個目標，這樣我們才能
> 了解每個人所想實現的。」

促進目標產生，私下或小組

要產生個別目標，可選擇私下進行或作為小組討論的一部分來進
行。兩種技巧各有其優缺點。

在小組討論中促進目標產生，以快速達成共識

用小組方式產生目標，結合了小組討論與腦力激盪。小組開放討論
目標，所有團隊成員可以主動提供目標。確保小組中的每個人至少
提供一個目標，最好至少提供三個目標。

在小組討論中，每個人所說的將影響下一個人所說的。這可幫助小
組間保持一致並減少目標的廣度。彼此知道對方或一起工作過的團
隊用小組來產生目標。

在小組討論中，你請一個人來與小組分享他們的目標。此時，產生
和分享同時發生。如果你私下產生目標，要加上第二步驟，每個人
輪流與小組分享目標。

私下進行促進目標產生，以暴露出更多個人目標

要幫助團隊成員感覺被包容並保有小組成員目標的差異性，使其私
下產生 3-5 個目標。要求他們在討論之前列出目標，或要求每個人
花三分鐘寫下 3-5 個目標。

私下產生目標幫助較新團隊中的個人，與其他團隊成員分享對他們
而言重要的是什麼。私下產生目標對於遠端團隊非常關鍵，因為時
間、距離和文化會隱藏細微差別在團隊的對話中。

根據團隊的動態做出判斷，團隊是需要更具包容性（私下產生目
標）還是要更具一致性（小組方式產生目標）。

鼓勵參與者相信自己的直覺

對一些參與者來說，其他某人有責任或有權力來宣佈相關目標。他們可能會抗拒去列出他們所認為的目標應該是什麼。

用兩種方式讓這些參與者放心：第一，小組需要去確保其目標與部門和組織的一致。你將使用在此活動中識別出的目標來確保團隊在正軌上。第二，高層發佈的目標並不總是切合重要需求，這些重要需求只有團隊成員才會看到。例如，可能團隊成員才會明白到他們應該架構好專案的程式碼以支持持續的整合。

與全體小組分享目標

無論團隊是私下還是作為小組討論的一部分來產生目標，參與者都能以不同的方式來分享目標。當小組分享目標時，將其捕捉在目標圖上（圖 6-3）。

依次分享所有目標

讓每個人輪流分享他們的 3–5 個目標並將其放在白板上。由於每個人輪流進行，其他團隊成員有問題時可能不會大聲說出來，因此請找機會澄清和更了解那些目標。

無論你是私下還是作為小組討論的一部分來產生目標，都可以依次分享所有目標。依次分享特別適用在人數較少的小組，不管面對面或遠端的。對於八人以上的小組，依次分享所需時間會太長。

依次分享獨特目標

在超過 7 人的小組，讓每個人輪流分享，但只分享自己目標的其中一個。把目標放到白板上，並詢問是否有人有類似目標。把類似目標放在白板上剛剛說的目標附近。

一些參與者將想要說明他們的目標是如何相似，但有其差異。藉此機會幫助小組去討論何謂相同與不同。

對於人數較多的群體，在進行時要求時類似目標一起提出，將可減少要分享的目標總數，有助於使用較少時間去分享所有目標。

結合自我介紹來分享目標

由於目標產生通常發生在專案啟始的新團隊上，結合目標產生和分享與自我介紹。在啟動會議一開始，請每個人輪流作自我介紹及分享他們的前三個目標。

如果團隊在便條紙或卡片上寫出目標，讓他們把他們的目標放上白板。如果他們沒有個別寫出目標，請在分享目標時捕獲這些目標並放上白板。改述它，使目標更精確或更易於理解，並確保原作者同意你所改寫的。

分享目標但不進行小組討論

不讓小組討論目標或依次討論，而是讓團隊成員把目標寫在便利貼上，寫完後立即將其放上白板。

不像依次分享，團隊成員無需等待每個人都完成才能進行下一步。對於較大團隊，無論是面對面的還是遠端的，將目標放在白板上都可以使參與者更快的完成任務，而不必讓所有人等待。

由於他們並沒有大聲說出分享目標，請在分組的活動時規劃額外時間以進行討論和澄清。

目標圖

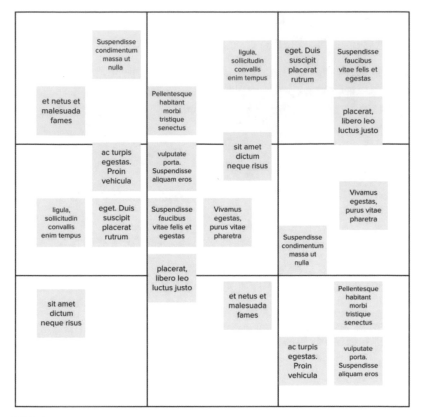

圖 6-3
捕捉目標到白板上，不是全部一起就是原作者自己分組的

追問回應以得到專案特定目標

當你向某人詢問他們的目標時，答案的範圍將令你震驚。即使他們所陳述的可能不是專案目標，可以肯定的是，他們的回應中必隱藏著一個目標。你只是需要去找到它。

分析以得到專案特定目標

他們可能分享的是部門或組織的目標，而不是專案目標。儘管部門和組織的目標很重要，但專案目標最有助於導引對話：

- 專案目標是具體的，並與團隊進行中的活動一致。

- 專案目標與團隊當前專案所關注的目標相配。

- 專案目標與專案所定義的範圍相配。

- 專案目標提供了一個起點，你可以從這裡擴展到更抽象的部門和組織目標。

當團隊成員分享他們的目標，請進行澄清和討論，以確保你收集到的是專案目標。問問自己以下問題，以確保你看到的是專案目標：

- 此目標是此專案獨有的嗎？

- 此目標是此部門獨有的嗎？

- 此目標是此組織獨有的嗎？

根據你如何回答這些問題，追問以了解並發掘專案目標。問：這個專案如何有助於實現那個目標（表 6-1）？

表 6-1　追問以發掘專案目標

問題	如果回答是	如果回答不是
此目標是此專案獨有的嗎？	照原樣捕獲	如果此目標不是此專案獨有，則可能是部門目標。
此目標是此部門獨有的嗎？	詢問此專案如何支持部門目標	如果此目標不是部門獨有，則可能是組織目標。
此目標與組織相關嗎？	詢問此專案如何幫助部門目標去支持組織目標	如果它不是組織特定的，則範圍太廣而無用。追問組織如何實現此目標。

一個例子：了解「賺更多錢」這樣的目標如何應用於我們的範例專案

假設我們為一家全球性咖啡公司工作，該公司自己烘焙咖啡豆供應給自己的國際性連鎖店。且假設我們開始一個專案，要加入電子商務功能到網站上。

在我們的團隊中，我們有一個開發人員、一個產品負責人和一個設計師。我們用正式目標活動啟始該專案，有人提出我們的目標是「賺更多錢」。

「賺更多錢」這個目標太廣泛而無用。大部分盈利組織都想賺更多錢。一家想要賺錢的全球性咖啡公司就跟其他所有咖啡公司一樣，因此這個目標太廣泛而無用。

持續對話，詢問他們所謂的「賺更多錢」是什麼意思。也許他們的回答是「增加入帳」。增加每個客戶給你的錢代表著我們咖啡公司想要「賺更多錢」的特定方式。

已把一個較無用的、非特定的想法，轉換為特定的組織目標的同時，你仍需要了解這個目標如何應用到這個電子商務專案。這個電子商務專案如何幫助我們的咖啡公司「增加入帳」？

我們的團隊自問：電子商務如何幫助我們增加客戶每年在我們身上花的金額？電子商務幫助客戶隨時隨地購買商品。開發人員也說：「電子商務可開展新的銷售方式，例如你可以銷售每月定期咖啡寄送或每月最佳咖啡會員，這是在一般商店中不太能做到的。」

現在，你已經發掘出此專案的兩個目標：

- 允許客戶隨時隨地購買

- 允許新的銷售模式

上述特定專案目標，將「賺更多錢」或「增加入帳」這樣的目標重構，成為一個對團隊應往哪裡去的有用的、共享的所知。當團隊作技術、業務和設計決策時，他們知道他們要確保這些決策可支持這兩個專案目標。

不要忘記非專案目標

當你探得目標時，你會專注於與專案相關的目標上。這並不表示你應該忘記組織和部門目標。將它們記下來。稍後你將需要用它們來與你組織的其他成員溝通專案價值。不過，現在，你應該已經積累了大量的專案目標。

追問功能的背後原因以尋找隱含的目標

通常，當你詢問某人關於一個目標時，他們會以某功能來回應：我們想建立一個購物車。當他們把某功能描述為自己的目標時，問：「為什麼？」他們為什麼想要建立購物車？通常來說，他們想創建一個服務或功能背後的原因就是目標。如果不是，再問一次為什麼。一直問下去直到找到該功能背後的目標為止。

別擔心對不對；目標會進化

你可能會擔心是否識別出對的目標。這是正常的。隨著時間流逝，團隊對專案及其目標的理解將會大幅增進。你在專案一開始的假設也將會改變。

完成並進到主題

在每個人都分享他們的目標，且你已分析目標得到對的專案特定目標後，請驗證每個人都同意這些目標被描述的方法，且沒有人要增加任何其他目標。一旦團隊分享並捕獲所有目標後，請換到找尋主題的活動：

> 「現在，我們已經捕獲每個人的目標，讓我們依照相似性進行分組，這樣我們就可以從每個人的目標找到共同主題。」

活動 2：目標分組以找尋共同主題

即使是小型團隊，在目標產生活動後，你也將有 15–25 個目標，相異的比相同的多。團隊無法追蹤 15–25 個目標，更別說都去實現他們，因此你需要將全部目標清單精煉為較可管理的 3–5 個目標。

要將大量目標轉為 3–5 個可管理的目標組合，請依相似性對目標進行分組以識別出共同主題。

在此活動中：

- 同心協力，團隊將相似目標放成一組。
- 同心協力，團隊為每組目標命名，以創建出一組有全局性的主題。

制定

你將做什麼？	依相似性將專案目標分組
結果是什麼？	全局性的目標或主題的清單
為何這是重要的？	將大量目標簡化為更可管理的數目以去實現
你將如何進行？	共同進行，將目標分類到群組中並將它們命名

要制定目標分組，請說：

> 「我們一次真正只能朝著 3-5 個目標努力，所以讓我們依相似度性把所有目標分組，如此一來我們可以找到主題並識別出我們都同意的較少量的全局性目標。」

依相似性促進目標分組

每個人在分享自己的目標時都貢獻出自己的觀點。現在，你需要每個人凝聚於一個共享觀點，因此團隊需要同心協力。實際去移動白板上的各個目標，去分組（圖 6-4）。

目標圖

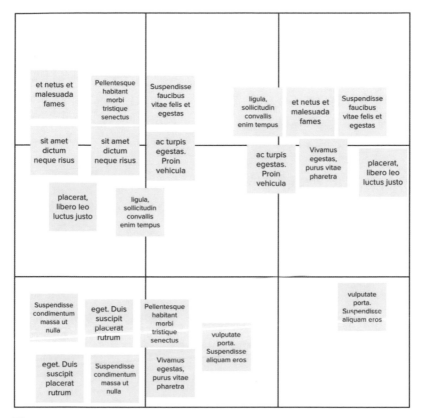

圖 6-4
按相似性對目標進行分組

對剛一起工作的團隊或不熟悉此流程的團隊，你可以引導討論。對於那些你想要強迫他們講話和彼此合作的團隊，讓他們自己同心協力。

對於沒有經驗的團隊，引導討論去進行目標分組

如果這是團隊第一次合作，膽怯的團隊成員在加入前可能會有所猶豫。要克服新團隊的猶豫，請引導討論去進行目標分組。

當每個人都分享他們的目標或將其放到白板上的同時，共同主題開始出現。運用這些共同主題來啟始討論。依相似性將目標分組並邊

敘述你所做的。有些目標很顯然屬於同一類。當你發現某個目標你不確定時，請小組成員提供意見。當你遇到不了解的目標時，請原作者闡明。

要迫使協作，讓團隊進行目標分組

有時你想迫使團隊同心協力。將所有目標收集在牆上或白板上後，請團隊合作將目標分組成各個主題。這迫使團隊成員互相交談，商討如何分組，且可幫助新團隊了解彼此。與團隊一起但退到一旁讓他們自己同心協力。

分析各分組，合併或拆分

與團隊一起討論分組。對於看起來相似的不同分組，詢問團隊為何將他們分開。如果討論後確實相似的話，請將這些分組合併在一起。同樣的，尋找那些看似集結了較不相關目標的分組，詢問團隊為何將它們合成一組。如果目標顯然差異太大，請將它們拆分成不同的分組。

完成後，若看到一個或兩個大型分組、各種中型或小型分組，甚至是單獨目標自己形成一個小分組的狀況並不少見。如果你有超過 10 個目標分組，請尋找更多合併目標分組的方法。在下一個活動中，小組應對盡可能少於 5 個和最多不超過 7-10 個的目標排序。

命名每個目標分組

一旦團隊將目標分組好，就開始命名每個目標分組。名稱應是一個全局性的目標，其可描述並涵蓋該分組中所有的目標（圖 6-5）。例如，假設你的一個目標分組中有三個目標：

1. 減少選擇和點單的時間。

2. 增加購買選項。

3. 減少商店點單和等待時間。

你可以識別出一個描述這三個目標的全局性目標：使線上訂購更加容易。

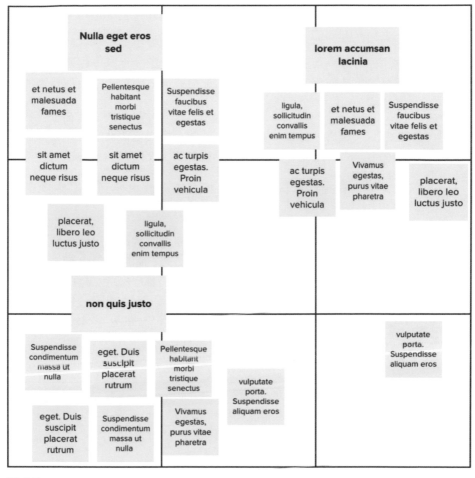

圖 6-5
用全局性目標描述每個目標分組

完成並進到排序

從開始到現在，團隊將有一群目標分組，是數量更易於管理的一些全局性目標。很有可能，你仍有 3–5 個以上的目標。排序將幫助團隊聚焦在特定、數量可管理的目標上：

> 「現在，我們已經識別出數量更可管理的目標，我們將把它們從最重要到最不重要的順序排列，如此一來我們都同意於什麼是要共同努力的方向。」

活動 3：排序專案目標

對於每一個目標分組，團隊必須知道哪些較重要或哪些較不重要。當兩個目標有衝突時，排序可支持你的決策。從基本層面來說，目標會決定按鈕是否從螢幕畫面的上方或下方出現，以及你是否加入某功能。

當團隊一起排列目標的順序時，每個人都同意並理解為什麼一個目標比另一個目標更重要。這有助於團隊在產品決策上達成一致。

在此活動中，團隊同心協力，將目標從最重要到最不重要進行排名。

如果你一開始就有 3–5 個目標，那麼你可能直接跳至排序活動。如果團隊從產生目標開始，那麼請確保已將它們歸納為全局性目標，使排名時至少有 5 個但不超過 10 個的目標。如果你有 10 個以上的目標，請尋找方法依相似性將目標分組（請參閱活動 2，第 76 頁）。

制定

你將做什麼？	排列目標順序
結果是什麼？	排好順序的目標清單
為何這是重要的？	幫助團隊了解什麼目標是最重要的，使他們能決定產品決策
你將如何進行？	拱同進行，從最重要到最不重要排列目標

要制定目標的順序，請說：

> 「我們將從最重要到最不重要的順序來排列全局性目標，自此之後，我們可以使用這樣的目標來幫助我們做出有關產品的決策。」

促進目標的排序

排列順序像問每個人這個問題一樣容易:「哪個目標最重要?」當有人說出最重要目標時,將其移至白板的上方。一些小組可能對說出最重要目標感到猶豫,這時你可以幫忙刺激其討論。

用資源有限來促使討論

當團隊對說出最首要目標感到猶豫時,請使用資源限制作為隱喻。告訴參與者:如果他們只能提供資源實現一個目標,那麼他們會選擇哪一個目標?他們願意付出的那個首要目標即是最重要的目標。

用目標範例作為討論之始

當團隊猶豫時,提出一個最重要目標的建議以作為討論之始。選擇你認為或相信可能會成為好的首要目標開始,詢問團隊是否同意。持續進行目標的選擇和排名,繼續詢問團隊同意或不同意。

故意用錯來刺激討論

我的一個同事從已排列好順序的目標開始。但進行到一半時,他故意將不太重要的目標放在清單中較高的位置以刺激討論。有時候,雖然人們不願意提出想法,但他們會很願意指出錯誤。

讓團隊對更資深利害關係者或存在錯誤感到放心

一些團隊在排名目標之前會猶豫。設定目標不是他們的工作。應該是更資深的利害關係者要設定目標並排好其順序。確實可能是這樣,但這並不會改變這些活動。

目標產生和排序不全然是在進行目標的設定和排序。這也關於團隊清楚地了解他們所想的目標是什麼和重要性為何。一旦團隊達成一致後,他們可以與其他任何人分享目標,以評估他們與組織其它人的一致性。

排好後的目標清單就像原型一樣,團隊可以用此與組織中不同的利害關係者確認。正如你將在第八章看到的那樣,當專案進行中時,團隊將能夠一次又一次地重新評估這些目標。

從最重要到最不重要對目標進行排名

繼續從最重要到最不重要對目標進行排名（圖 6-6）。當團隊成員將兩個目標列為同樣重要時，問他們如果資源只夠讓他們選擇其中一個，他們會選擇哪個。繼續對目標進行排名，直到你識別出最重要的五個目標。

目標排序

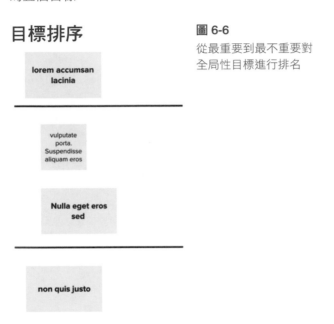

圖 6-6
從最重要到最不重要對
全局性目標進行排名

團隊不應聚焦在三個以上的目標，更不能聚焦在五個以上。我在此重複一遍，因為它很重要。在超過 20 年領導跨功能團隊的經驗中，我從未見過能夠聚焦五個以上目標並實現的團隊。超過五個的那些目標就是多餘的雜訊。超過三個以上的那些目標都可視為紅利了。

追問重組目標的機會

在某些情況下，額外的討論出現，顯示先前目標之間有不夠清楚的相似性。當你發現這些機會時，請進行討論看目標是否應以不同方式分組。有時候，將目標與更重要的目標成組是有意義的。這減少了你的目標清單總數，並有助於避免排名時並列的糾結。

金字塔型排列目標，以允許並列

理想情況下，團隊可以按從最重要到最不重要的順序對目標進行線性排名。如果團隊無法在兩個目標之間做出決定，可以將這些目標保持並列。並列應只出現在較低排名的位置。盡你一切努力，確保最重要的目標只有一個。

如果你想鼓勵並列，請用金字塔型排名目標（圖 6-7），其中最重要的目標在頂端，第二層有兩個目標，第三層就有三個目標。不過，不要排超過五個目標。（如果是三層金字塔，最後會有六個目標。）

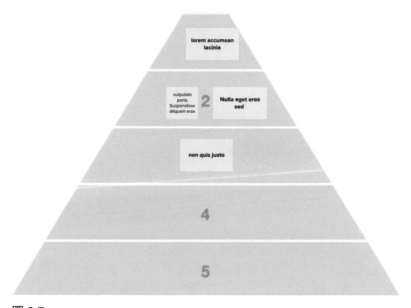

圖 6-7
當有並列時，使用金字塔型排名目標

追問不同意的意見

隨著排序確定，追問是否有不同意見。總是會發生有人不同意團隊所訂出某些目標的順序。讓這些分歧浮出檯面。如果你不這樣做，分歧會在專案進行稍後浮出檯面並拖慢決策。

當你識別出分歧時，追問以了解該團隊成員的觀點。作為團隊的一員，他們的意見應得到珍視和尊重。與團隊合作處理問題並找到解決方案。有時，團隊在目標上的差異較小，但在目標的定義上差異較大。透過討論讓團隊達成共識。

當分歧更多源於其本質時，目標排名可能需要改變，否則持異議的團隊成員將需要妥協。請努力打造出每個人都同意的共識，或同意每個人意見不同。

完成並強調你所達成的

在這些活動結束時，團隊將有一個排序好的 3–5 個目標清單，這些將成為你做產品相關決定時辨認方向的北極星。強調此成就：

> 「我們已創建出此專案排序後的目標清單。我們可以隨時回頭參考這些目標，並在前進的過程中運用它們來幫忙作出決策。」

從隨意交談中識別目標

我使用本章中描述的結構化流程來啟始新專案和內部倡議，或者作為客戶探索會議的一部分。然而，我並不總是從專案一開始就參與。有時，我被要求參加一些會議以提供一些觀點或專業知識。

在隨意和臨時的對話中，如果你不知道目標，就很難做出決定並提供建議。我參加了一個有關新的內部網站的電話會議，組織者詢問我關於該網站線框的回饋。在回答之前，我問為什麼我們要建立該網站。我們想實現的目標是什麼？

在此之前我們沒有進行正式的目標產生、分組和排序活動。與會者提供我多個目標，而我再問哪個目標較重要。了解團隊的目標和其中最重要的目標後，我就能對線框提供有用的回饋。了解目標有助於確認。

共享、排序後的目標激出更好的團隊

當團隊識別出目標並對其進行排序時，他們邁出合作的第一步。當你讓每個團隊成員就目標提出各自的觀點時，便為這協作奠定了基礎。當他們的目標一直放在白板上時，團隊成員會覺得自己有被傾聽和被重視，且在討論如何對目標進行分組和排名時，他們開始去看去互相了解。

在較大的體驗機器中，那些感覺被傾聽和被重視的團隊會變得更加投入，並且更願意對產品體驗付出。而且，當你在專案開始時就在目標上達成一致，你成就團隊達成一致及願景，其支持了體驗機未來要作出的每個決策。

在這些活動後，團隊學會協作，因為他們練習了傾聽並珍視彼此的觀點。他們開始講他們的共同語言。在此之後的每個團隊討論，排序後的目標清單都可作為恆久的參考。

現在團隊知道什麼是想要達成的，就需要了解並同意想做什麼。他們想要建構的願景是什麼？完成後，世界會有什麼不同？這樣的成功會是什麼樣子的？

[7]

識別出可邁向成功的具體願景

如果三隻小豬都同意他們的目標是建構一個可以遮風避雨並保暖的住所,為什麼最後會蓋出不同的房子?

即使目標指出了前進的方向,但沒有告訴你要停在哪。目標是方向,不是目的地。團隊中的每個人可能都在蓋房子,但是每個人蓋的是不同的房子。你可以幫助你的團隊成員都想像相同的房子。

正如團隊中的每個人在被問到專案目標時應該有相同的答案一樣,每個人都要能分享關於最終狀態將如何出現的願景。在本章中,我們將運用系統思考中的一些原則,來幫助團隊一起創造和預見未來。

我通常將此活動與上一章的目標活動結合起來,作為啟始和探索會議的一部分。每當你在思考自己現在所處的位置及要去的地方時,它也很有用。就像目標一樣,我們將先看較正式的作法,然後再探索在其他情況下你可以運用的變化。

未來狀態的預見如何起作用

未來狀態的預見,使用一種稱為建構(framing)的腦力激盪方法,去產生理想未來樣態的具體願景(圖 7-1)。這個技巧乃基於 Russel Ackoff[1] 所探討的方法,寫在 *idealized design*(理想設計)一書裡[2]。最終它會將未來狀態畫到特定度量上,團隊可用來測量進度:

---

1   Russel Ackoff 是著名的系統思想家和華頓商學院的管理學教授

2   Ackoff, Russell Lincoln, et al. Idealized Design: Creating an Organization's Future(理想設計:創建組織的未來). Wharton School Pub., 2006.

1. 個人單獨或群體一起，每個人產出他們所察覺到現在、當下狀態的問題。

2. 個人單獨或群體一起，每個人產出他們所察覺到現在、當下狀態的成就。

3. 一起努力，每個人產出關於人們在理想未來做什麼的具體描述。

4. 個人單獨或群體一起，每個人識別出可用於測量未來會發生什麼的度量。

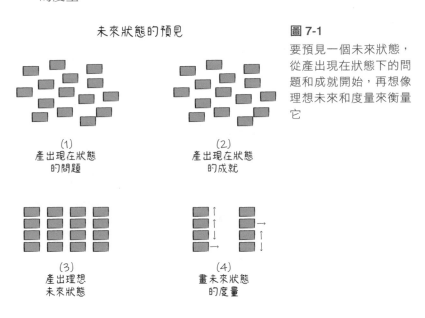

未來狀態的預見

(1) 產出現在狀態的問題

(2) 產出現在狀態的成就

(3) 產出理想未來狀態

(4) 畫未來狀態的度量

圖 7-1
要預見一個未來狀態，從產出現在狀態下的問題和成就開始，再想像理想未來和度量來衡量它

在此活動結束時，團隊將已分析好現在狀態，並填好四個工作表輸出：

- 現在狀態的問題清單
- 現在狀態的成就清單
- 具體的未來願景
- 測量未來成功的度量清單

何時要預見未來狀態

在新專案開始時預見未來狀態，以確保團隊中的每個人都朝著相同的具體願景努力。最好是能在團隊識別出目標並排好順序後進行。因目標有助於框架出團隊如何思考與討論未來願景。

你可以在重新設計網站、app、系統、甚至營運流程時運用此活動，即使你開始某些全新事物，它的運作方式也相同。

第三項輸出，具體的未來願景，也隨時有助於團隊需要去想像更廣闊情境，因此他們能應對特定執行的問題。

輸入和快速啟動

除了團隊對專案的默契了解之外，現在狀態分析不需要特別的輸入，除了團隊對專案的默契理解。例如，我們希望加電子商務到咖啡公司的網站中，因此他們進行活動時會牢記這一點。

未來狀態的預見從空白畫布開始是非常好的。你也可以從目標研究中收集資訊。這可轉成優勢。這些都是啟始討論之始，在協作討論時幫助你更深度探索，及減少整體討論時間。

用既存的功能和問題清單作為討論之始

對於重新設計和重建，組織一般會收集已知問題或功能的清單。使用既有清單作為討論之始，或要求團隊成員提前去腦力激盪出問題、成就和未來狀態。

用使用者調查作為討論之始

借助使用者調查出的痛點、當前需求和問題及使用者如何談論功能。使用者調查提供了有關現在狀態的問題、成就及想要的未來狀態的豐富資訊。

你將用到的材料

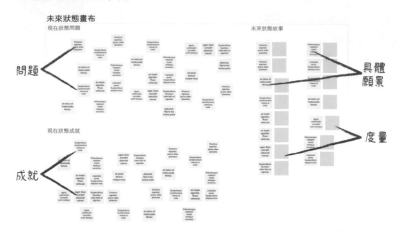

圖 7-2

未來狀態畫布用左側兩個區域來收集現在狀態的問題和成功的輸出,使用右側第三個區域來收集具體未來願景的輸出

未來狀態畫布

在白板或牆壁上繪製或投影出工作表,或在紙上繪製或列印出工作表(圖 7-2)。

問題、成就和具體願景

一旦捕獲,這些可能會被移動。使用可移動的便利貼或紙片,或使其易於擦除和重寫。

在網站上查找範本、框架素材和遠端資源:
http://pxd.gd/strategy/future-vision

活動 1：產出現在狀態的問題

如果產品不能讓事情變得更好，你將不會交付產品出去。根本地讓事情變得更好的基礎，是改變現在狀態中的負面事物。在你開始預見理想的未來之前，花一些時間想想你可能想去改變的現存問題。

在此活動中，團隊成員單獨工作或一起，去產生存在於現在狀態的問題清單。

如果你的組織已收集了要解決的問題清單，或者你已有相關的使用者調查結果，請使用這些資訊作為討論之始，並促使團隊成員產生更多問題。

制定

你將做什麼？	列出存在於現在狀態的問題
結果是什麼？	要修改的事情清單
為何這是重要的？	確保團隊在預見未來狀態時，盡可能考慮到越多問題越好
你將如何進行？	共同進行以產生越多問題越好

要制定現在狀態問題的產生，請說：

> 「當我們在從事於新〔產品／網站／系統／平台／等〕時，我們要確保完成後不會再有現在既有的同樣問題，所以讓我們列出所有我們要改變的事情清單。」

促進產生現在狀態的問題

問大家：

> 「當前的系統有什麼問題？有什麼地方可以更好？有什麼地方很糟？」

分組產出和討論問題。團隊成員和客戶將會不假思索地說出自己不喜歡的事。專案會開始是因為組織希望某事有所改變或改善。直接向不發表的團隊成員提問，以確保每個人都貢獻其想法。如果是由

你為團隊捕獲記下問題（而不是讓他們自己寫下來），請改寫以使問題更精確或更易於理解，並確保原發話者同意你所捕獲記下的問題內容（圖 7-3）。

未來狀態畫布

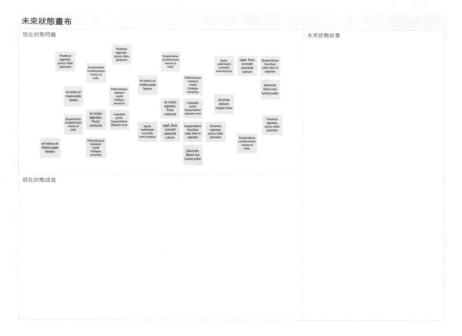

圖 7-3
把現在狀態的問題捕獲在白板或工作表上

如果你擔心小組討論可能過早侷限團隊的想法，則請大家私下寫下三個問題。然後讓大家分享並討論他們的問題。

將每個問題捕獲在個別的便條或卡片上，然後將問題放在白板或工作表上。如果你在小組討論中分享問題，請捕獲記下每個問題並將其放到共享的白板上。

追問跟品質和效率有關的問題

在小組分享和討論現在狀態的問題時，詢問為什麼發生及為什麼這是個問題。了解誰會受到影響及其為何重要。也看看是否有機會發掘與品質和效率有關的問題：

- 在現在狀態下，什麼東西是沒有效率的？

- 什麼東西要花太長時間去做？什麼需要額外的步驟？

- 什麼東西太難而無法做？什麼東西應該要更容易？

- 什麼東西令人疑惑？沮喪？

- 什麼樣的障礙或阻礙使現在狀態變得困難？

- 發生了什麼非預期的後果？

追問抑制改變、進化或客製化的問題

大多數產品都存在於一個不斷進化的環境中，因此請尋找那些會抑制改變的問題：

- 什麼流程阻止系統進行調整？

- 什麼限制了改變？是某個流程嗎？還是某人？

追問影響特定群體的問題

問題也可能描述的是次佳的結果：

- 什麼問題會影響客戶？

- 什麼問題會影響價格或銷售？

- 什麼問題使維護變得困難？還是抑制了行銷？

- 是什麼導致部門或員工的績效低落？

追問與專案目標相關的問題

使用你的專案目標作為提示來識別其他問題。根據討論的結果，捕獲任何與專案、部門或組織相關的問題。將每個目標改述為否定問句。

表 7-1 使用專案目標來探索現在狀態的問題

專案目標	現在狀態問題
改善功能	缺什麼功能？
改善效率和品質	什麼功能無效率？
改善轉換和使用	在什麼情境下不起作用？ 為何人們不註冊？
最大化或找到新的客戶價值	哪些客戶成果還未出來？

問題分組以識別出主題（非必要的）

在某些情況下，你有太多問題或想要進一步闡明。依照相似性對問題進行分組並識別出主題。跟你對專案目標進行分組以識別出主題，是同樣的方式（請參見第 76 頁）。有時，當你要預見理想未來時，思考問題主題會比個別問題更有用。運用你的判斷。你團隊所捕獲的問題是否太特定又太詳細？還是它們讓你更了解產品可去修改的問題？

限制時間使討論能往下走

幾乎可以肯定的是，團隊可以花費數小時識別出那些要改善、優化和改變的事物。即使如此，你們也無法識別出全部。這沒關係。這裡的目標不全然在於識別問題。當你識別出現在狀態的問題時，你制定出團隊如何去思考未來願景的框架。這裡的目標不是要一個全面詳盡的問題清單，而是能奠基於現存實際問題去制定未來願景。

將現在狀態問題的討論時間限制在 10-15 分鐘。這時間已足夠識別出常見和迫切的問題，提供給未來願景討論的準備。

完成並進到成就

時間過去，確認你已捕獲所有問題，且每個人都同意你所寫的。接下來移至討論現在狀態的成就：

> 「現在我們已經知道我們想要改什麼，接下來讓我們看看我們不想變的。」

活動 2：產出現在狀態的成就

識別出的現在狀態問題就像是髒掉的泡澡水。而現在狀態的成就則像是澡盆中的嬰兒，是你不會想丟掉的。請收集那些團隊不希望影響到的功能、流程和結果的清單。

制定

你將做什麼？	列出現在狀態下存在的成就
結果是什麼？	要保留的事物清單
為何這是重要的？	確保團隊在預見未來狀態時，仍保護並繼續這些成就
你將如何進行？	共同進行以盡可能產生越多的成就

要制定現在狀態成就的產生，請說：

> 「我們要確保我們不會失去現在狀態中好的部分，因此我們將識別出那些在展望未來時我們希望保持不變的。」

促進現在狀態成就的產生

詢問每個人喜歡現在狀態中的什麼地方。什麼很成功？什麼不應該改變？

當你識別成就得同時，將其捕獲在工作表上。並重述使成就更簡潔、容易理解，且向原發話者確認其同意你的表述方式（圖 7-4）。

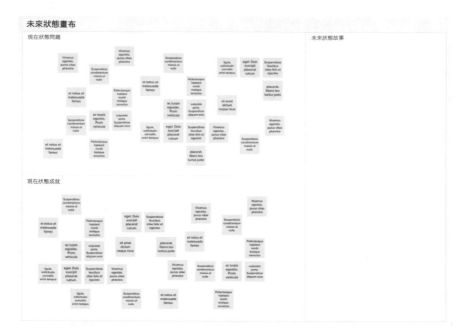

圖 7-4
在白板或工作表上捕獲現在狀態的成就

會發現團隊成員和客戶很容易列出問題，但相對較慢產出成就。有時，人們不會特別注意到某些東西，除非它造成妨礙或讓他們感到困擾。要揭露那些團隊可能沒有注意到的好的地方，請詢問那些很平常的東西：

- 什麼工具或功能幫助使用者完成工作？

- 什麼使一切依計畫進行且做得很好？

追問其他人的成就

問題和成就可能是主觀的，因此很容易陷入自己的觀點中。為了識別出成就，請詢問團隊，其他人可能會喜歡什麼：

- 什麼是現在狀態中高階管理人會喜歡的？

- 什麼能幫助你的老闆完成他們的工作？

- 客戶喜歡什麼？

追問與專案目標相關的成就

就像你可以使用專案目標來追問問題一樣，它們也可以幫你追問成就。將專案目標重新改寫成肯定問題，以追問與該目標相關的現在狀態的成就。

表 7-2　使用專案目標來探索現在狀態的成就

專案目標	現在狀態的成就
改善功能	什麼功能已經有了？
改善效率和品質	什麼功能很成功？
改善轉換和使用	在什麼情境下起作用？
最大化或找到新的客戶價值	客戶提出了哪些成果？

完成並移至未來願景

一旦成就產生慢下來，團隊對哪些是當前狀態下的成功、以及你不想要更改的事有很好的了解。。只有在極少數狀況下，現在狀態太糟糕使團隊無法識別出任何成就。最後一步，要確保你已識別出關鍵的成就。一旦所有人都同意，就可以往下一步去描述未來狀態的願景。

活動 3：產出人們在理想未來中做什麼的具體願景

會議室裡的每個人都已經知道成就是什麼樣的。然而，你的團隊各自預見不同的成就。就像三隻小豬一樣，有些人的成就是茅草屋，而另一些人的成就是木屋。

在此活動中：

* 團隊成員將想像一個理想的、成功的未來，並描述人們那時在做什麼。

要建構一個成功產品，你需要對成功的樣貌有具體的願景。未來，當這個專案成功時，具體地人們將做什麼？用特定人和行為來描述成功的願景，透露出團隊可以去建立的一系列具體行為和結果。

如果你的組織已寫下他們希望在新產品中看到的功能，請使用這些功能做為討論之始，並要求參與者根據人們將做什麼來重述它們。

制定

你將做什麼？	描述如果產品成功人們會做什麼
結果是什麼？	人員、任務和行為的清單
為何這是重要的？	提供團隊可以為之設計的具體成果
你將如何進行？	共同進行

要制定具體未來願景的產生，請說：

> 「我們的目標告訴我們什麼是我們應該走的方向，但是我們需要定義成功的樣貌。專案發布後，我們如何知道我們所建造的是對的？讓我們描述一個成功的未來的樣子。」

限制願景在可能的範圍內

因為你想要一個成功未來樣貌的具體願景，有兩個原則可確保該願景是可能實現的：

- 它必須是當今技術可行的
- 它必須是合法的

技術性可行，確保你的團隊能建出所想像的願景。雖然魔法和科幻小說提供了有趣的想法，但是如果你無法建出該願景，那麼你將無法交付產品，也就不會成功。

同樣的，你不應該追求一個違反道德、法律或法規的願景。除非你立志成為反派。

推動願景超越偏好

可行和合法是唯一的兩個限制。不一定是要可望成功的，因為你還無法知道。不一定需要是流行的，也不需要避開 CEO 的痛處，或使用 CTO 最喜歡的新技術。這些都不重要。

有時候，鼓勵小組成員去想像最瘋狂、最牽強的想法很有用。這類活動擴展了團隊的創造力。如果你覺得團隊需要拓展思路，那麼創造性的練習會有所幫助。但是，當你制定具體的未來願景時，你不只要關注什麼是可能的，還要關注其成功的可能性。什麼是你可以建構，然後說你成功了的？

促進成功具體願景的產生

問大家：

> 「想像一下，產品發布後，它取得極大的成功，所有人都得到加薪。推出兩年後，人們在做什麼？」

這裡的人們可能是使用者、客戶、支援人員、CEO、維護團隊、一線經理人、客戶的朋友和家人或其他任何人。從現在起的兩年後，世界變得更好。世界上任何人都可能受到影響。

具體願景依循一個特定的格式：

〔使用者〕將〔任務〕

你可以將格式擴展更像一個使用者故事：

〔使用者〕將〔任務〕，因此他們可以〔目標〕

如果你已完成目標、現在狀態的問題或現在狀態的成就，那麼請從團隊提到的特定行為開始討論。例如，在目標討論期間，某人提到客戶將比較產品。捕獲這個作為願景的陳述。或將其擴展更像使用者故事：「客戶將比較產品，因此他們可以找到最適合他們的產品。」

當小組描述未來行為時，捕獲在工作表中。確保每個願景都依循此格式：〔使用者〕將〔任務〕（圖 7-5）。

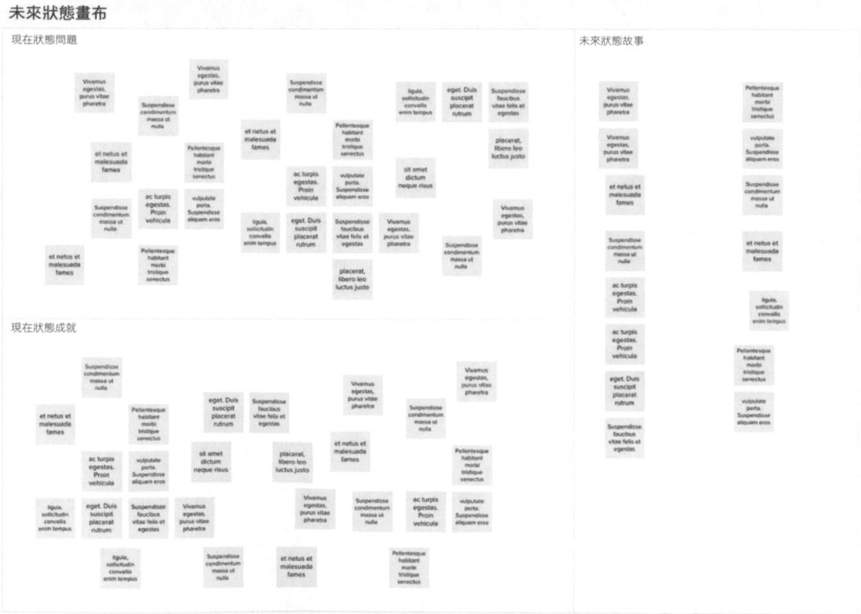

圖 7-5

捕獲願景的陳述在白板或工作表上。在每個願景間留出空間，以便你可以在下一個活動時加上度量。

追問各階層的行為

一個或多個使用者或利害關係者佔據團隊較多的力氣，但是許多不同的人與專案的成功息息相關。追問團隊以預見其他利害關係者在成功的未來將會做什麼：

- 高階經理人和管理者將做什麼？

- 其他部門和業務將做什麼？支援人員將做什麼？

同樣應用於終端使用者，包括客戶和員工：

- 同事將做什麼？

- 客戶的朋友和家人將做什麼？

追問提到現在狀態問題的行為

即使處於預見烏托邦未來的興奮中，不要忘記團隊想要改進或解決的現在狀態問題。對於願景陳述未提到的任何現在狀態問題，請詢問未來願景該如何解決此問題。

在某些情況下，由於預見未來的關係，使得現在狀態的問題不再是問題。例如，如果現在狀態的問題是你一直找不到奶精，未來狀態可能預見的是不再需要奶精、濃郁的含奶咖啡。

使用現在狀態成就作為限制

當團隊識別出具體願景時，請注意未來願景與現在狀態成就相衝突的地方。通常，這些相衝突的未來願景表述出團隊未明確說出的問題。請發話者更詳細地描述他們的願景。為什麼這代表成功的未來？成功的未來願景和現在狀態的成就能一同在未來發生？還是團隊必須擇一？

追問未來的理想願景

團隊的背景、現在狀態的問題和成就的制定，確保了具體願景有運用當前系統中存在的實踐和流程。未來願景將持續現在的思考。這種框架限制了未來創新的觸及和想像力。這些願景更容易去銷售和實施，但可能會不夠。

推動團隊去想像一個與當前系統沒有關係的理想未來，可能會很有用。問大家：

> 「想像在昨晚，一場大火摧毀了一切。所有資料都不見了，每座建築物都被燒毀，所有文件都消失了，你必須從零開始創建新產品。如果你可以建構你所想的任何東西，它將是什麼樣子的？成功後人們會做什麼？」

許多團隊限制可能性於當前系統中。通常，越理想的產品不太可行，因為事情不是這樣完成的。但是，當你移除當前系統中存在的限制時，理想將變得更加可行。

記住，問題不是組織能做什麼，而是在技術上可行和合法的情況下，團隊可以做什麼？

讓團隊對範圍放心

當你用「如果你可以建立任何你想要的東西」之類的語句和「理想」之類的字詞來架構問題時，專案和產品經理會擔心範圍擴大和無法實現的專案目標。讓團隊放心，此練習是要識別出專案成功時人們將做什麼，不是要影響範圍、截止日期或預算。知道成功的模樣，並不會做出任何關於它如何或何時要建造的諾言或承諾。

完成並移至成功的衡量

一旦你在工作表上收集好成功的具體願景後，你即產出有關你的產品非常有價值的資訊。不只是功能清單，你還有關於人們將要做什麼的具體描述。除了需求，你的團隊還描述出結果。

你可以在此打住。一個描述著特定行為結果清單的具體願景，是非常不錯的願景。最後一步是識別出你將如何衡量成功。告訴大家：

> 「現在，我們知道人們在成功的未來在做什麼，讓我們識別出我們可用於測量該行為並追蹤我們成功的度量。」

活動 4：定出未來行為的度量

當你用人們做什麼來預見未來時，你不僅描述了你可以去實現的結果，還描述了可以測量、追蹤和評估的事物。

在此活動中，團隊將識別出測量每個願景陳述的度量。

特定的度量可測量和驗證成功。以度量結尾，使團隊準備好以特定、可測量的猜想和假設，作為設計決策測試和驗證的基礎。

制定

你將做什麼？	識別每個願景陳述的度量
結果是什麼？	測量未來行為的度量清單
為何這是重要的？	識別出團隊可用於測試和驗證產品決策的度量
你將如何進行？	共同進行或分組

要制定出度量的識別，請說：

> 「每個具體願景都描述一個特定的使用者行為，由於它是特定的行為，我們可以測量它。對於每個具體願景，我們想識別出一個可用於追蹤它的度量。我們可以使用這些度量來測量我們的成功並測試和驗證產品構想。」

促進度量的識別

回顧每個願景陳述，並與團隊合作識別出一個或多個衡量行為的度量。當你是以某個人作某件事來定義願景時，你可以追蹤和測量那個行為。

例如，如果願景是「客戶將比較各種咖啡種類以找到對的那個咖啡」，則你可以定義數個度量：

- 會比較咖啡的購物者的比例
- 會比較咖啡並完成購買的購物者的比例

這些度量的竅門是，它們聽起來像是可以從你的分析系統獲得的量化數字。不要先去想行為如何被測量的方法，你就是能測量它。

以產品比較為例，如果使用者點擊某個東西以作比較，你就可在網站上追蹤該行為。但如果你的設計是只要使用者看了產品清單就能比較，而不用點擊某個按鈕就能比較時，該怎麼辦？這時你的分析系統無法測量。但是你的調查團隊可以用使用者測試或訪談來衡量那個互動。

在每個具體願景的右側寫下度量（圖 7-6）。未來行為可以有一個或多個相關度量。捕獲所有看似相關的內容。

未來狀態畫布

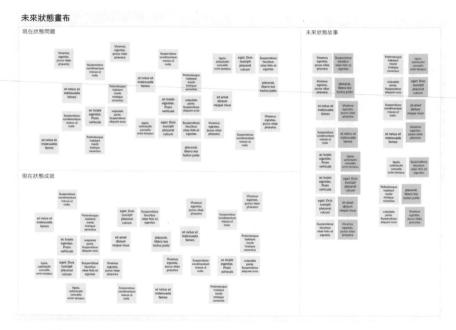

圖 7-6
在每個具體願景旁記下度量

識別度量的基準 / 基線

對於許多度量，團隊可以收集關於目前行為的資料以用作基準。有時資料是正中核心的。有時資料是推論出的。讓我們以個人化為例說明。

假設該團隊認為，首頁上的個人化內容將更吸引客戶。由於當前網站沒有個人化，因此你無法與未來個人化比較。但是，如果個人化內容對客戶更具吸引力，則可以預測跳出率將下降，因為客戶喜歡他們所看到的內容。又或者，花在首頁上的時間會減少，因為相較於無個人化內容的首頁，客戶會更快移到個人化內容。又或者，可能較少客戶去使用搜尋或導航功能，因為他們改為點擊個人化內容。

當然，最好去測量一下，有看個人化內容的客戶和沒看個人化內容的客戶其購買咖啡的可能性。重點來了。有些度量將不會有明確的基準，因此你可能需要從相關行為推論出一個基準。

幫助團隊識別出直接基準和推論基準。這使產品開發為一個可測量的、科學化的活動，因此你可以減少判斷的影響。

定出度量應移動的方向

沒有比和既存基準比較，更能溝通專案開始價值或結尾成就的了。組織要增加好的，減少不好的。在專案開始之前，用是否將增加、減少、或維持一個現存度量，來溝通專案價值。聚焦於度量，可以幫助利害關係者了解專案對組織的影響，且用管理者和高階經理人評估成功與失敗的相同語言。

專案開始後，測量開始前和後的度量，以溝通實際值。度量應沿著預測的方向移動。無論方向如何，團隊都有明確度量可用於學習和評估產品決策。

不用擔心度量項目太多

此時，團隊尚未選定關鍵績效指標。識別出具廣度的度量和基準，亦可讓團隊可用作未來專案的輸入。識別出一籃子的潛在度量而不使用，也遠比依賴那些通用度量好，因其無法測量你所識別出的具體願景。

如果你沒有識別出你想要追蹤的行為，則你無法開始追蹤。你即將要建造出理想產品。因此你需要知道哪些度量要追蹤，以便團隊可以安排在正確的地方進行正確的追蹤。

完成度量並結束

捕獲度量後，識別出下一步以確保輸出依然可被運用。首先，識別出誰將追蹤適用的度量基準。其次，決定未來願景將如何被記錄、儲存和分享。

識別出誰需要參考和使用這些輸出。將現在狀態問題和成就及具體未來願景，轉為業務、功能和技術需求。未來願景的陳述改成使用者故事，給敏捷團隊、及給測試主管的測試用例。識別出特定的團隊成員，讓他們以此活動的輸出，應用到其它的團隊工作。

願景讓團隊聚焦在成功上，而不是功能上

在這四個簡單的步驟中，你幫助團隊預見了可以去建構的具體使用者行為，以及可用於測試和驗證產品構想的特定度量。在進行此活動之前，團隊在建構產品。但現在，不是預見一系列的功能，而是團隊以它如何啟動特定使用者行為來預見產品。更重要的是，當團隊選擇一個度量、基準和改變方向，他們即把每個行為變成可測試的假設。

總的來說，真正的輸出不是現在狀態的問題、成就或未來願景的清單。這個活動改變了團隊對產品和成功的看法。這樣強大的變化不像打開電燈開關的小翻動。更像是你必須隨著時間去加薪柴的柴火。

在下一章中，我們將探討有什麼方法可讓專案目標和未來狀態的願景，持續在產品的整個生命週期中成為所有人的關注焦點。

[8]

寫下並分享專案目標和願景

當團隊合作並在策略構想（如專案目標和具體願景）上達成一致時，這感覺很好。然而，如果你在兩週後就忘掉目標和願景，那麼你之前所花的時間都是浪費。你可以幫助你的團隊將專案目標和願景放在心中首位。你的團隊將使用這些目標制定產品決策，並朝著未來願景前進。

在本章中，我們將看到寫下並分享專案目標和願景的方法，這些方法可以幫助你的團隊保持一致。我們也將看看如何與組織內其他人分享目標和願景，使管理者和高階經理人順利進行審核和進度確認。

寫下目標以提供重要情境

在你識別並排序專案目標後，你即有一個很好的目標清單。現在是時候整理它們了，讓團隊可以一直看到它，並與組織內其他人分享。

當你分享專案目標，即是向其他不熟悉該專案相關細節的人，說明決策的重要背景資訊。好的目標不管對團隊或組織其他利害關係者都是有意義的。

在這背景中很重要的一點是，專案目標聚焦在每個人都能理解的產出上。雖然 CEO 可能不明白你為什麼要在螢幕畫面上方放一個特定按鈕，但他們會理解你的目標是要減少技術支援來電數。與其討論按鈕的位置，不如跟 CEO 討論減少技術支援來電數的最佳方法。

紀錄排序後的專案目標清單

用排序清單來分享專案目標。目標使團隊保持一致，並向外部利害關係人溝通合理性。當兩個目標彼此衝突時，排序後的目標可支持你的決策（圖 8-1）。

電子商務專案目標

要贏得更多客戶的錢，並擴大銷售範圍

- 在網站上出售我們從商店出售的任何物品（用於家庭、辦公室、禮物等）

- 允許銷售和行銷去銷售不同的商品和優惠

- 就像走進街角的咖啡店一樣輕鬆舒適

圖 8-1
用排序清單記錄專案目標以支持團隊決策

先前專案目標活動的輸出已經採用排序清單的格式，因此可以輕鬆地整理和盡可能快地分享。如果你是用金字塔型來排序目標，則用階層式結構來記錄目標（圖 8-2）。

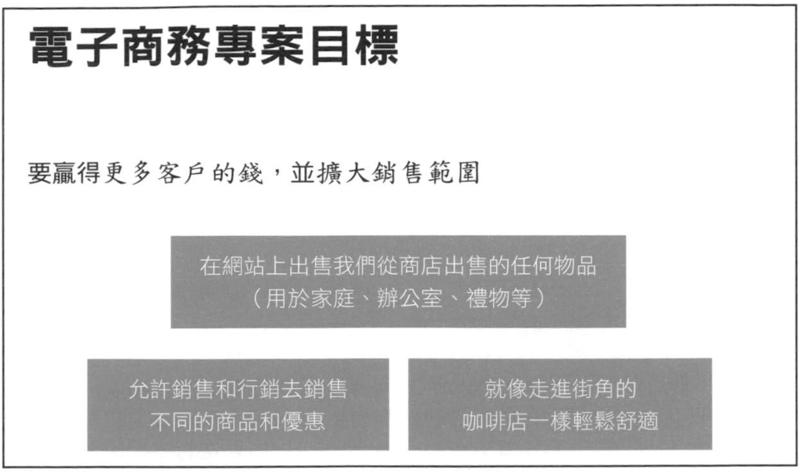

圖 8-2
用階層式結構來記錄專案目標

寫下願景以展示整體局面

目標提供你將前往何處的情境背景,而願景則描繪了未來的樣貌,使人們想往那裡去。不幸的是,目標所產出的是易於記錄和分享的清單,然而願景則需要花費較多功夫,才能將你的具體願景故事轉成易於分享的版本。

好的願景講述一個簡短的故事。

故事將構想包裝成易理解的陳述,說明你將從何處開始、你將克服的問題、以及成功的未來是什麼樣子的。好的願景陳述說明專案成功的故事。

這個故事應該有像電梯行銷一樣的作用,夠短足以在走廊偶遇時分享,或者在談到一個專案時作為一個簡短介紹。

識別出最重要和最有趣的願景故事

你的團隊識別出不少的未來狀態行為,因此你不可能將所有這些行為都包含在簡短的故事中。選擇最重要或最有趣的未來狀態行為。可能的話,選擇可呼應你公司中主流想法的未來狀態,以充分利用現存的心佔。

將故事串成數個段落來描述未來成功的樣貌。用一個對人們造成某種影響的描述來結束願景。例如，如果你允許客戶訂閱咖啡並少量訂購，請標注其代表意義：他們的咖啡將較新鮮（圖 8-3）。

電子商務專案願景

未來，將電子商務加到網站後：

- 客戶將訂購自己喜歡的咖啡，並按照其規格送到家中或辦公室。指導性內容可幫助他們選擇他們最喜歡的咖啡，以及使用哪種研磨方式。他們會「訂閱」咖啡並更頻繁地收到少量咖啡，因此他們的咖啡總是較新鮮。

- 行銷和銷售將根據個人客戶的購買習慣量身定制產品和報價。客戶購買更多，對購買的商品也更滿意。

圖 8-3
使用重要且有趣的未來情境，作成一個簡短的故事來記錄願景

與團隊確認目標和願景

即使你們共同創建出專案目標和願景，依然要確保與團隊一起確認記錄下來的版本。確認最終的措辭和格式，並在每個討論的一開始重新審視專案目標和願景。

與團隊一起審視最終措辭和格式

在協作之後，你和部分團隊可能會分頭進行目標和願景的記錄。推敲詞彙的修辭，使目標更清晰精確，並以清晰、具體的用語描述未來願景。

與團隊其他成員分享這些最終版本。聆聽並滿足所有回饋，以確保團隊中的每個人都同意你對目標和願景的描述。如果整個團隊達成一致並共享目標和願景，那麼你已奠定了每個人去信任他人決策的基礎。

在每次討論和審查的一開始，參考專案目標和願景

北極星只有在被參考時才能幫助導航。當團隊聚在一起分享所學和工作時，在討論的一開始即展示目標和願景。在評估各選項時，參考目標以支持決策。

儘管目標和願景在專案進程中不應改變，但他們很難一開始即很明確。當團隊在專案的特定部分上工作時，你可能會發現最初的目標和願景不正確。每次你使用目標和願景來合理化一個決策時，這都是一個去審視和調整目標和願景的機會，改善他們並使其更精確。

與利害關係者談話時從目標和願景開始

當你與不在專案內的其他人一起審視資料時，請從目標和願景開始。當你從專案目標和願景開始，你就可以給管理者和高階經理人一個機會來審視你的北極星，以確保你仍在對的方向上。如果團隊偏離正軌，利害關係者將會告訴你。

當你分享願景時，這為專案相關討論創建出一個情境，因此利害關係者了解你正嘗試做什麼。排序後的專案目標描述了你的決策框架，使利害關係者知道如何去評估和回應你所分享的一切。

團隊需要不斷地參考目標和願景

團隊會發現記錄和溝通目標和願景很有用。目標和願景支持著專案決策及新加入的團隊成員。但是，將目標和願景作為北極星，團隊必須持續參考它們，以利用他們所帶來的一致優勢。每次有機會時都重新審視和參考目標和願景，尤其是評估各種選項和專案決策合理性時。

專案目標與你的組織想要做的事一致。願景代表未來將如何為你的使用者改變。在下一部分中，我們將看看你如何能幫助你的團隊了解使用者，因此他們可以構築出預見的未來。

在網站上查找範本、框架素材和遠端資源：
http://pxd.gd/strategy/

[*III*]

使用者

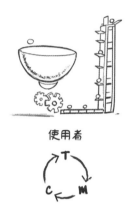

使用者

在體驗機做出產品之前,使用者始終是每個決策的中心。作為一個共同的願景,使用者可以使團隊保持一致,並建構同樣的產品給同樣的人。這個部分中的各活動幫助團隊協作以了解和分析其使用者,以及如何去分享和溝通這一願景給更廣泛的組織成員。

你的團隊可以一起合作地更好,而你將幫助他們做到這一點。在這一部分中,我們檢視使用者的基本要素。由於我們在談論使用者時總是提及使用者調查,因此,我們也將探討最適化使用者調查的方法,以相配你要建構產品所需的資訊。

為了支持團隊將對使用者進行的分析和所知,我們將用到屬性方格(一個隨時可更新的文件),以及如何將滿牆的便利貼和使用者資料轉成易於閱讀的,還有如何從故事中找尋誰是使用者。

[9]

使用者和使用者調查

每個設計專案都始於人物誌（persona）。使用者隱藏在我們的大腦裡。對於你設計的每個產品、服務或介面，你想像著誰將使用它，然而，團隊中的每個人都想像著不一樣的使用者。

就像專案目標和願景一樣，當團隊中的每個人都想像同樣的東西時，你在協作上將更輕鬆、更有效。紀錄下該使用者讓使用者變得真實，並使團隊中的每個人都能想像和設計給同樣的人。

話雖這麼說，你是否曾經注意到人物誌通常看起來不一樣且捕獲不一樣的資訊嗎？我們將談到如何建立使用者模型，以便你和你的團隊可以協作出更好的設計，而體驗機將快速做出更好的產品和服務。在本章中，我們將審視你可用來記錄使用者模型的各種屬性。我們也將花點時間在如何去決定你所需的調查類型，如果要的話。

我們在本章中討論到的屬性，構成接下來的協作活動（包含：排序使用者、了解使用者的需求，以及紀錄你的使用者模型為人物誌）的基礎。

人物誌 vs. 簡介 / 個人資料 vs. 角色 vs. 原型 / 典型

如果你提議你不需要使用者調查去做出人物誌，有些人會表示異議。一些團隊從大量的定量資料去篩選以構築出人物誌，其他團隊則從各定性研究拼湊出人物誌。儘管有些人主張一種方法優於另一種方法，但這兩種方法都是站得住腳的。

人物誌是一個使用者的一個模型。你要如何創建出該模型取決於你需要做什麼。使用者見解就像是引擎的燃料。並非每個人都需要高辛烷值，以定量見解來看。但有些人用一般的燃料會被罰款。

有些人將這些使用者模型稱為人物誌。如果你稱這是人物誌或簡介／個人資料、演員、角色、原型或其他名稱都沒關係。無論你怎麼叫它，它就是你的使用者的模型。

這些模型幫助你的團隊設計出更好的產品，因為它們記錄並傳達出你的團隊所需的使用者最重要資訊。我們將這些使用者屬性分為三類：任務、情境和影響力。

任務、情境和影響力

當你想到一個使用者，你可能會想像他們在做什麼、在哪裡，甚至是為什麼。當我們談到我們如何去了解使用者時，我們指的是：

- 任務：使用者在做什麼
- 情境：使用者在哪裡、在何時做它
- 影響力：為何使用者要做它

當你要描述或識別使用者時，請將見解分成以下三類（圖 9-1）。

圖 9-1
用他們在做什麼（任務）、他們何時何處做它（情境），以及為何他們要做（影響力）來定義使用者

任務：使用者在做什麼

任務描述你的使用者在做什麼。使用者的任務告訴我們，什麼功能是我們需要去建構的。團隊會發現討論任務很容易。介面幫助使用者完成一項或多項的任務。

任務可以是範圍大的也可以是範圍小的。像是線上購買咖啡豆這個任務包含許多步驟，包括搜尋咖啡、評估你是否喜歡哪個咖啡、決定購買、加入購物車及結帳。所有這些步驟幫助使用者完成這個範圍大的線上購買咖啡任務。

你也可以進一步分解。例如，「加入購物車」步驟可分成更多更小的步驟：

1. 瀏覽尋找螢幕畫面上的「加入購物車」按鈕

2. 找到「加入購物車」按鈕

3. 將滑鼠移到「加入購物車」按鈕

4. 按下滑鼠以啟動按鈕的選擇

5. 放開滑鼠以完成按鈕的選擇

6. 注意到確認訊息

7. 閱讀確認訊息

8. 得知咖啡已加入購物車

基本規則是，當你思考任務時，包含足夠細節以幫助你做出你要設計什麼的決策。你描述任務的方法應該要是能去行動的[1]。它應該幫助你做出決策。把它想成是任務的**保真度**。你需要多少任務的細節才能把它設計出來？

---

1   Mulder, Steve, and Ziv Yaar. *The User Is Always Right: A Practical Guide to Creating and Using Personas for the Web*（使用者永遠是對的：創建和使用網路人物誌的實用指南）. Berkeley, CA: New Riders, 2007.

用蓋房子作為比擬。如果你要規劃房屋，你需要藍圖。如果你要蓋房子，你需要知道你需要多少扇門。如果你要幫助人們穿過門，你需要知道門把的樣子。雖然你可以草擬藍圖、蓋房子並幫助人們從一個房間移到另一個房間，但你不會同時做這三件事。選擇對的任務保真度，包含你所需的資訊，不要花時間在你不需要的資訊上。

情境：何處、何時、如何，以及與誰一起

情境描述使用者在何處、何時及如何完成任務。了解使用者的情境有助於使產品易於使用。

通常，情境會描述使用者的設備（例如筆電或電話）及管道（例如電子郵件或網路）。情境也可以描述使用者是在家還是在辦公室、在白天還是在晚上、一天一次或一年一次、與家人朋友一起或獨自完成任務。

影響力：為何他們要做它

影響力描述使用者為什麼要做某事。任務告訴我們要建構什麼，而情境告訴我們如何去設計它。影響力則幫助我們設計對的東西。

痛苦和收穫

影響力可能是正面也可能是負面的。你可以爬蘋果樹去摘蘋果或去逃離一群狼。無論上述哪種情況，你都要爬樹。被狼吃掉是你想要避免的痛苦。與蘋果接近則是一種收穫。使用者遠離痛苦，移向收穫。

意圖的和非意圖的

痛苦和收穫可能是意圖的也可能是非意圖的。當使用者意圖遠離狼的同時，非意圖地移向蘋果。使用者可能會遇到非意圖的痛苦和收穫。任務通常會產生多種非意圖的後果。例如，爬樹可能會被樹木割到，這是非意圖的痛苦。同樣地，使用者爬上樹時，可能會看到整個地平線的美麗景色，這是非意圖的收穫。

任務、情境和影響力幫助團隊思考使用者如何爬樹。但是，如果我們將畫面拉遠一點，我們可能會先納悶，為什麼使用者要在環伺狼群和很多蘋果樹的森林裡奔跑。

動機、目標和需要完成的工作

影響力提供了關於使用者為什麼要做這個的見解，但沒有解釋什麼是使用者想要去完成的。如果使用者的任務是購買咖啡，為什麼他們想要購買咖啡？他們是想休息一下嗎？他們是想清醒一點嗎？是被要求的嗎？為什麼使用者想要購買咖啡的答案，即代表使用者的目標或「需要完成的工作（job-to-be-done，JTBD）」。

需要完成的工作這個概念，出現在創新和精實創業社群。產品創新顧問 Anthony Ulwick 定義需要完成的工作為：「用單一句陳述定義核心的功能性工作，例如「以直線裁切木材」、「傳遞人生的課程給孩子」或「監測病人的生命體徵」。」[2]

互動設計師 Alan Cooper 在「*About Face 3*」一書中提到一個類似概念，以下這個問題的答案即是目標：「*為何使用者最初要做某個活動、任務、動作或操作？*」[3]

無論你稱它是目標或是需要完成的工作，你都是想要去描述使用者的主要動機，使用者想要實現的基本需求。

當你了解使用者的基本需求，「你了解這個活動對使用者的意義，進而創建了更適合、更令人滿意的設計。[4]」對於體驗機，「對核心功能性工作的深度了解，使公司能夠基於此創建產品或提供服務，相較於其他解決方案，這個讓核心工作完成的重要性更高[5]」當你的團隊了解使用者的基本需求、他們基礎的目標、使用者想要去完成的核心工作時，你的組織就能創造出更多創新和更成功的體驗。

對於你的每個使用者，你需要去追蹤這些動機、任務、情景和影響力的大量資訊。幸運的是，你可以只關注你產品的使用者屬性即可。

2　Ulwick, Anthony W., and Alexander Osterwalder. *Jobs to Be Done: Theory to Practice.*（需要完成的工作：理論到實踐）Houston, TX: Idea Bite, 2016.

3　Cooper, Alan, Robert Reimann, and Dave Cronin. *About Face 3: The Essentials of Interaction Design*（關於 Face 3：互動設計的要點）. Indianapolis, IN: Wiley Pub., 2007.

4　Cooper, Reimann, and Cronin, 2007.

5　Ulwick and Osterwalder, 2016.

磨坊主人、他的兒子和他們的驢子

小時候，我喜歡 Random House 出版社的*從伊索寓言來的故事繪本*[6]，及其中關於磨坊主人、他的兒子和他們的驢子的故事。

一位磨坊主人和他的兒子沿著往鎮上的路走，想到鎮上賣掉他們的驢子。一位經過的旅人批評磨坊主人在兒子可以騎驢時不讓兒子騎，反而讓他走路。因此，磨坊主人將兒子放在驢上，他們繼續前進。

過了一會兒，另一位旅人批評兒子：「你怎麼這麼不懂得感恩，居然讓父親走路而你自己騎驢。」聽到這個，兒子下來跟父親一起走。

再往前走，另一位旅人評論說：「你們實在太蠢了，在兩個都可以一起騎驢的狀況下，居然兩個一起選擇用走的。」這時，磨坊主人和他的兒子都爬上驢子，繼續往鎮上前進。

另一個人看到磨坊主人和他的兒子都在那隻可憐的動物上，說：「你們多麼殘忍呀，逼迫驢子承擔你們兩人的重量！」聽取意見後的磨坊主人和他的兒子，抬起驢子的腳用繩索綁著，托在肩膀上，繼續往鎮上走。

6　Aesop, and J. P. Miller. *Tales from Aesop*（從伊索寓言來的故事）. New York: Random House, 1976.

當磨坊主人和他的兒子過橋進入城鎮時，一群人聚集在一起嘲笑這對父子愚蠢，因他們用肩膀扛著一頭驢子。人群的喧鬧聲嚇壞了這隻可憐的動物。於是驢子拼命掙扎，繩索因此鬆動，最後驢子掉到橋下死在河裡。

磨坊主人和他的兒子無驢可賣，空手返家。

每位路人都為磨坊主人及其兒子提出更好的去鎮上的方法。但沒有人幫他們賣驢子。

沒有人談論使用者目標 / JTBD

雖然磨坊主人和他的兒子想賣掉他們的驢子，但每個人都在幫他們到城裡去。你會一遍又一遍地看到同樣的問題。使用者目標和需要完成的工作是看不見的。就像你談論介面的可見部分卻忽略不可見的部分一樣，人們不談論工作或目標。但如果沒有人談論目標 / JTBD，他們如何談論使用者的需求或想望？

行銷團隊談論行銷人物誌

從歷史上看，行銷人員專注於人口統計區隔時就會成功。Clayton Christensen 分享了女性衛生和嬰兒照護之類產品的範例，在這些範例中人口統計區隔與工作密切一致。如果你了解人口統計學，你就了解這個工作[7]。

行銷團隊還使用像價值、看法、態度、興趣和生活方式之類的心理統計，來創建行銷人物誌，建立不同類型客戶的模型。基於人口統計和心理統計的行銷人物誌可用來與客戶溝通和做廣告，但它們並不能幫助你改善或創新使用者的體驗。

每當有人用人口統計資料（35-45 歲、已婚女性）或心理統計資料（相較於品質偏好低價、重視與朋友的相處時間）來定義使用者時，你就知道你們不是在談論使用者目標 /JTBD。

技術團隊談論功能和技術

就像行銷團隊專注於他們所知道的（行銷區隔）一樣，技術團隊也專注於他們所知道的（功能和技術）。在其職業生涯中，技術團隊因專注於功能和執行而取得成功。

每當有人提及功能或技術時，你們不是在談論使用者目標 / JTBD。

組織談論產品和服務

創新顧問 Anthony Ulwick 和 Lance Bettencourt[8] 指出，許多公司專注於產品和服務，或競爭者的產品和服務。這樣對產品和服務的關注，和行銷和技術團隊一致。行銷團隊想的是他們將如何行銷出產品和服務。技術團隊會想的是他們將如何建構出產品和服務。

每當有人談論產品和服務時，請幫他們挖掘出使用者目標 /JTBD。

7　Christensen, Clayton, Scott Cook, and Taddy Hall.「Marketing Malpractice: The Cause and the Cure.（導正行銷歧途）」*Harvard Business Review*, Dec. 2005.

8　Bettencourt, Lance and Anthony W. Ulwick,「The Customer-Centered Innovation Map.（顧客是你的創意中心）」*Harvard Business Review*, May 2008.

使用者談論解決方案和規格

即使是使用者也不會談論他們的目標。Ulwick 描述使用者如何經常談論解決方案、規格、需求或好處。Ulwick 以客戶對刮鬍刀的評論為例。當被問及刮鬍刀時，客戶可能會提到他們想要一種特定的解決方案（例如潤滑條）或描述規格（例如重量更輕或外觀更流線光滑）。使用者可能也會描述需求，說他們希望刮鬍刀更具可靠度或更可信賴。最後，使用者可能會提到他們希望在刮鬍刀上看到的好處，例如「更好刮」或「容易清潔」[9]。解決方案和規格比抽象的目標更具體、更容易去描述。

當人們談論解決方案或規格時，你知道需要追問更多，以識別其隱含的目標。磨坊主人和他的兒子知道他們想賣掉驢子。行銷團隊、技術團隊、組織和使用者卻更傾向關注磨坊主人和他的兒子如何到達城鎮。

專案目標揭露出你的使用者模型所需的屬性

你的使用者模型需要一定程度的保真度。所包含的屬性越多，模型的保真度就越高（表 9-1）。

表 9-1 不同類型的使用者模型，屬性越多則保真度越高

		使用者模型種類		
		「使用者」	角色 「銷售經理」	人物誌 「Sammy，銷售經理」
屬性種類	**任務** 使用者將做什麼？	X	X	X
	情境 何時、何處、 如何、與誰一起做？		X	X
	影響力 什麼痛苦與收獲影響 著他們所做的？			X

9　Ulwick, Anthony W. What Customers *Want: Using Outcome-Driven Innovation to Create Breakthrough Products and Services*（客戶需要什麼：使用結果驅動型創新來創建突破性的產品和服務）. New York: McGraw-Hill, 2009.

根據專案目標的類型，使用者模型需要不同類型的使用者屬性。使用你專案的目標，來決定要包含在你使用者模型中的屬性（表9-2）。

一旦你識別出所需的使用者屬性後，請識別出填入這些屬性所需的資訊。現在，你已經識別出你需要的使用者調查。

表 9-2　基於專案目標類型的使用者模型屬性

專案目標的種類	要加入模型的使用者屬性
• 增加內容和功能	**任務** 使用者做什麼？
• 改善效率 • 減少錯誤 • 改善輸出品質	**情境** 何時、何處、如何、與誰一起做？
• 改善轉換率 • 改善採用率 • 改善留存率 • 增加互動率 • 增加社群活動	**影響力** 什麼痛苦與收獲影響著互動？
• 最大化客戶價值 • 保護現有市場崩壞 • 開創新市場 • 破壞現有市場	**目標和需要完成的工作** 什麼基礎需求驅動著使用者？

四種使用者調查的類型

各式各樣可用的使用者調查方法主要分為兩個來源：

- 直接觀察

- 間接觀察

直接觀察是指你自己收集的調查。你直接觀察使用者。直接調查使用者在現實世界中的行為，你觀看他們。為了要直接查看使用者在數位世界做了什麼，你觀看他們的行為分析：人們點擊什麼、看什麼、何時和頻率。

間接觀察是指他人所提供的調查。要透過間接觀察來了解使用者在做什麼，請詢問會與你的使用者互動的人。在間接觀察中，訪談其他人以了解你的使用者在做什麼。這些人可以是銷售人員、客戶支援人員和其他使用者。你也是其他使用者調查者。你直接觀察了間接觀察中你所談話的對象。

無論是直接或間接，調查提供兩種見解：

- 行為
- 態度

行 為 的 調 查記錄了使用者的行為。設計民族誌 / 人類學（ethnography）、分析和利害相關者訪談，提供了有關使用者在做什麼、他們如何行事的資訊。

態 度 的 調 查記錄了使用者所說他們想要什麼或做什麼。使用者訪談讓你可以直接觀察使用者所說的話。搜尋分析、客戶支援紀錄、客戶回饋、使用者調查和口誌研究讓你間接觀察使用者說什麼。

人們說要做和實際去做是兩碼事。行為的調查較態度的調查準確。

調查方法有直接或間接、行為或態度的調查

使用者調查方法畫到網格 / 方格上，將直接和間接觀察與行為和態度調查進行比較（表 9-3）。

表 9-3 直接或間接觀察，以及行為或態度調查對映到特定的調查方法

		調查見解的種類	
		態度的 使用者說他想或做什麼	**行為的** 使用者實際做什麼
調查的種類	**直接觀察** 你觀察使用者	• 使用者訪談	• 分析觀察 • 人類學觀察
	間接觀察 其他人觀察使用者	• 搜尋分析 • 客戶支援紀錄 • 調查 • 日誌研究	• 利害相關者訪談

根據使用者屬性和專案目標選擇調查方法

有人說，像分析和觀察之類行為的調查是了解使用者的唯一方法。公平地說，觀看使用者確實會產生最準確的資訊。不幸的是，直接的、行為的調查需要較多的時間和資源。

直接的、行為的調查並不是研究使用者的唯一方法。要選擇調查方法，請著眼於你創建使用者模型所需的屬性上。就像屬性會與專案目標相關一樣，調查方法也是如此（表 9-4）。

你所需的使用者屬性將識別出你的調查目標。例如，如果你有一個目標要改善轉換率，那麼使用者訪談應包含關於任務、情境和影響力的問題。相對的，如果你的目標是減少錯誤，那麼使用者訪談只需要包含關於任務和情境的問題。

基於時間、成本和難度去修改調查方法

你有幾種選擇來收集調查。與間接觀察相比，直接觀察幾乎總是提供較準確的資訊，且幾乎總是需要更多的時間、金錢和技能。

直接的、行為的調查並非了解使用者的唯一途徑。許多團隊使用基於間接觀察或基於團隊認為他們所知的使用者的個人資料（profiles）。這樣的使用者模型有時被稱為原型 - 人物誌（proto-persona）[10]、臨時人物誌（ad hoc personas）[11] 或假設人物誌（assumptive personas）[12]，這類使用者模型使用較不精確的調查，來使團隊著眼於使用者中心思考和測試驅動設計上。

10　Gothelf, Jeff.「Using Proto-Personas for Executive Alignment.（使用原型 - 人物誌與高階管理層達成一致）」UX Mag. N.p., 1 May 2012. Web. 12 June 2017. *https://uxmag.com/articles/using-proto-personas-for-executive-alignment.*

11　Norman, Donald A.「Ad-Hoc Personas & Empathetic Focus.（臨時人物誌和同理心焦點）」Don Norman's Jnd.org. N.p.,16 Nov. 04. Web. 12 June 2017. *https://jnd.org/ad-hoc_personas_empathetic_focus.*

12　Browne, Jonathan. Assumption Personas Help Overcome Hurdles to Using Research-Based Design Personas.（假設人物誌有助於克服使用調查為基礎的設計人物誌的障礙）Publication. N.p.: Forrester Research, 2009.

表 9-4　基於專案目標和所需使用者屬性的調查方法

專案目標	使用者屬性種類	直接觀察	間接觀察
• 增加內容和功能	**任務** 使用者做什麼？	• 使用者訪談 • 分析	• 利害相關者訪談 • 競爭分析
• 改善效率 • 減少錯誤 • 改善輸出品質	**情境** 何時、何處、如何、與誰一起做它？	• 使用者訪談 • 分析觀察 • 人類學觀察	• 利害相關者訪談 • 競爭分析
• 改善轉換率 • 改善採用率 • 改善留存率 • 增加互動率 • 增加社會活動	**影響力** 什麼痛苦與收穫影響著互動？	• 使用者訪談 • 人類學觀察	• 利害相關者訪談
• 最大化客戶價值 • 保護現有市場崩壞 • 開創新市場 • 破壞現有市場	**目標和需要完成的工作** 什麼基礎需求驅動著使用者？	• 使用者訪談	• 利害相關者訪談 • 調查 • 客戶回饋 • 日誌研究

將協作目標與調查目標區分開來。任一個不應阻礙你對另一個的努力。無論你從什麼調查開始，你有各種與團隊合作、創建出使用者檔案的方式。

好的使用者模型與產品一起演進

人物誌幫助體驗機更清楚地思考其最終使用者。使用者檔案創建了一個模型，可以讓你的團隊依此去設計、返回查看和修改。越好的模型越好，但是它們不該是不變的。如果你從較不精確的模型開始，則隨著團隊對使用者的了解越多，請隨時去改善它們。

要弄清楚團隊需要什麼資訊去建構最佳產品是很棘手的。使用專案目標識別出最相關的使用者屬性，再讓專案目標和屬性導引出你所需的調查。但是，不要因缺少的調查而阻止你前進。調查提供更多的理解，而使用者模型使協作更好。

以上都假定你知道哪些使用者是重要的。下一項活動將幫助團隊識別出他們應該鎖定哪些使用者。

[10]

用靶心畫布識別出使用者

磨坊主人帶他的驢子到市場上賣。人們取笑磨坊主人。驢掉進河裡淹死了。你不希望這種情況再次發生，那麼你為誰而設計？擁有驢子的磨坊主人？取笑他的人？還是淹死的驢子？

如果你不確定產品是為誰設計，就很難做出對的決定。團隊冒著風險建構對的功能給錯誤的使用者。幫助你的團隊識別出對的使用者，以使他們建構對的產品給對的人。

團隊中的每個人都應該了解你為誰建構產品以及為什麼。本章使用靶心畫布來識別出產品的使用者，並就其重要性達成共識。我們將看此活動的正式版本，你可以將此作為專案啟始或探索會議的一部分，但是這種方法在臨時的對話（你想在提供回饋前先行驗證使用者）中也同樣有效。

使用者識別是如何運作的

使用靶心畫布進來產生使用者，並根據他們與產品的互動方式或受產品的影響來定位（圖 10-1）。根據產品對使用者的影響在靶心畫布上使用四個同心圓來定位。最中間的圓心代表產品。會直接與產品互動的使用者則放在第二個圈。第三圈則包含與他們溝通或合作的任何人，第四個圈則適用於所有受產品影響的其他人。團隊進行以下三個活動以完成畫布：

- 同心協力，團隊產生直接使用者（將使用產品的人）的清單。

- 同心協力，團隊識別出間接使用者（與直接使用者溝通或合作的人）。

- 同心協力，團隊識別出衍伸使用者（被產品影響的人）。

完成後，團隊將產生三個使用者清單：

- 要為其設計的，直接使用者清單

- 需要考量的，受設計影響的使用者清單

- 非優先的使用者清單

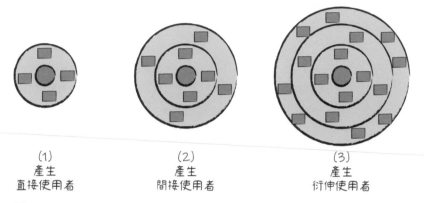

(1)
產生
直接使用者

(2)
產生
間接使用者

(3)
產生
衍伸使用者

圖 10-1

使用靶心畫布來產生和定位使用者，依照其與產品互動或受產品影響的程度

何時要識別使用者

在專案開始時使用靶心畫布，使團隊於使用者清單上達成一致。靶心畫布還能用來識別旅程圖和流程（第 IV 部分）所需的使用者或介面構思（第 V 部分）。

靶心畫布可以幫助團隊了解產品如何影響使用者。通常，團隊成員對誰將使用某個設計會有一個想法。但是，就像團隊的其他假設一樣，存在很多不一致。使每個人都有相同認知有助於團隊共享相同的願景。

輸入和快速啟動

團隊通常已經對使用者是誰有一定假設，但如果你從無開始使用靶心畫布，也是可運作的很好。你可能可以要求使用者清單或現有的人物誌。即使團隊沒有一個文件化的使用者清單，在本活動開始之前，你可以先對團隊成員進行調查並收集使用者清單。

如果你先前已完成專案目標和未來願景，那麼團隊其實已經提到許多使用者，特別是未來情境故事，都始於一個特定類型的使用者。使用未來情境故事中的使用者來起始討論。

你將使用的素材

產品使用者圖

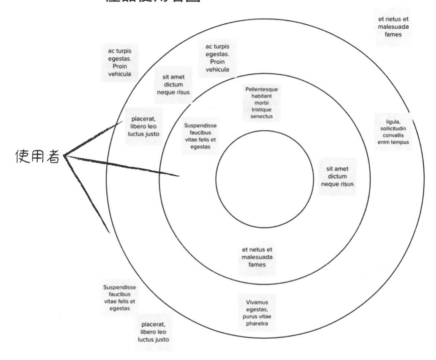

圖 10-2

產品使用者圖包含四個部分：靶心畫布和三群不同使用者

靶心畫布

在白板或牆壁上繪製或投影出靶心畫布，或在紙上繪製。使用三個或四個同心圓（圖 10-2）。

使用者

在討論期間,使用者可能在畫布上移動。使用便利貼可輕鬆加上、移動和移除使用者。如果使用白板,則你可以輕鬆地寫上和擦除使用者。

 在網站上查找範本、框架素材和遠端資源:

http://pxd.gd/users/user-target

活動 1:產出直接使用者

通常,會直接與產品互動的人是最重要的使用者。在此活動中,團隊將同心協力以產生將使用該產品的人員清單。

通常,團隊知道誰將使用產品,並將輕易地產生清單。如果你已收集了一些使用者,把這些使用者作為輸入放在畫布上以啟動討論。

制定

你將做什麼?	列出誰會使用產品
結果是什麼?	會直接與產品互動的使用者清單
為何這是重要的?	幫助團隊了解他們應該為誰建構產品
你將如何進行?	共同進行

要制定直接使用者的產生,請說:

> 「讓我們識別出系統的使用者,以便我們為對的人優化體驗。我們想要列出會直接與系統及其介面互動的人。」

促進直接使用者的產生

詢問大家:

> 「誰將與產品互動並使用該產品?」

圓心代表產品。當小組列出直接使用者時,請將其紀錄在靶心畫布的第二環中(圖 10-3)。

如果你已收集使用者清單作為此活動的輸入,請在將他們放到畫布上的同時放聲思考,並詢問團隊是否同意你的放置。

追問使用者與產品的適當關係

如果參與者識別出的人你並不認為是直接使用者,請追問以了解該使用者怎麼用該產品的。詢問使用者是與產品的哪個部分互動。團隊成員可能會識別出使用者與產品意外的互動方式。如果使用者將直接與產品互動,請將其加到畫布第二環上。

識別出受產品影響的使用者也很常見,不是間接的就是其他更廣泛的方式。當你討論並了解產品如何影響這些使用者時,請將其放置於畫布上相應的環上。

產品使用者圖

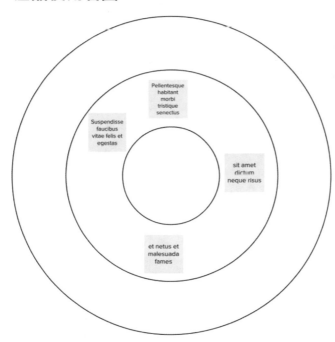

圖 10-3
在靶心第二環寫下直接使用者

追問其他使用者

團隊常看不清產品的使用者。他們聚焦於一個使用者上而忽略其他使用者。這並不是他們不知道其他使用者。而是他們已將一組使用者的排序優先於其他使用者，並且著眼於不對的使用者的狀況並不少見。

詢問還有誰將使用該產品，來探索其他使用者並移除讓你團隊看不清的障眼物。

一個技術服務組織想要重新設計其網站，以幫助採購經理可訂購更多服務。很快地，他們發現工程師和技術人員才是驅動最多訂單和最多網站訪問量的。雖然採購經理是交易對象，但該組織卻建立網站給不對的使用者。

尋找其他使用者，無論他們看起來多麼微不足道。目標是產生廣泛且全面性的潛在使用者清單。

當團隊不知道系統的使用者

如果是新產品或新團隊，是有可能發生你不知道使用者是誰的狀況。你真的無法繼續。此時請轉向去創建一個具體的未來願景（請參閱第七章）。未來願景的一致將幫助識別出潛在的產品使用者。

完成並移至間接使用者

當直接使用者的討論慢下來時，請告訴團隊你準備要聚焦在間接使用者（與直接使用者溝通或協作，但本身不使用產品的人）上：

> 「讓我們繼續前進到畫布的下一圈，並討論那些會與直接使用者交談或一起工作的使用者。」

活動 2：產出間接使用者

團隊通常著眼於直接與產品互動的人。然而，使用者在使用我們的產品時，經常會與其他人進行溝通和合作。這些間接使用者會影響直接使用者的需要。那麼，你的使用者會與誰交談和合作？

在此活動中，團隊同心協力以產出直接使用者一定會交談或一起工作的使用者清單。

制定

你將做什麼?	列出間接使用者
結果是什麼?	直接使用者要去溝通和協作的使用者的清單
為何這是重要的?	幫助團隊了解如何優化產品,以支持直接使用者將使用它的方式
你將如何進行?	共同進行

要制定對間接使用者的討論,請說:

> 「現在,我們知道誰將使用這個產品,讓我們看看他們會與誰合作,這樣我們就可以讓使用者輕易完成他們的工作。我們要列出所有與使用者交談或一起工作的人。」

促進間接使用者的產生

詢問大家:

> 「我們的使用者在使用我們的產品的同時,會與誰交談或一起工作?」

當團隊列出間接使用者時,請把他們放在靶心的第三圈上(圖 10-4)。

追問相關聯的使用者

誘發性問題能識別出其他間接使用者:

- 使用者在使用產品時與誰交談?
- 使用者是否與其它人分享資訊?
- 是否有其它人會審核或核准使用者所做的或所選的?
- 你的使用者跟誰一起工作?
- 他們跟誰抱怨?
- 誰會在他們使用產品時看著他們?
- 他們跟誰報告?
- 使用者使用產品時,誰會提供所需資訊給使用者?

產品使用者圖

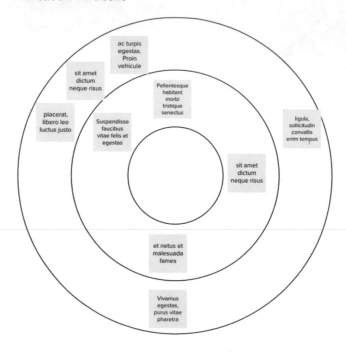

圖 10-4
將間接使用者寫在靶心畫布的第三環中

追問反 - 使用者

在某些情況下，使用者使用產品時可能會避免與一些人有接觸。你可以去了解這些關係，以優化產品來支持或預防這個行為。詢問團隊，使用者使用產品時是否會避免與某些人有接觸或躲避他們。

在畫布的第三個環中寫下反 - 使用者。在其名稱旁邊加上 X，與其他間接使用者區分開來。

完成並移往衍伸使用者

在團隊識別出間接使用者之後，該是時候討論更多衍伸使用者了：

> 「讓我們繼續前進到畫布的下一環，並討論任何可能因直接使用者使用該產品而被影響的人。」

活動 3：產出衍伸使用者

在童話故事「長髮姑娘」中，女巫抓到為妻子偷萵苣的丈夫。為了避免女巫的懲罰，丈夫同意把第一個孩子給女巫。

在這個故事中，女巫和丈夫代表直接使用者。兩位都直接參與了協議。妻子則是間接使用者。雖然她有與丈夫互動，但她並未與協議互動。

數月後，妻子生下了一個女兒，女巫帶走該女兒作為偷萵苣的補償。長髮姑娘是衍伸使用者。雖然她從未偷過萵苣、沒有遭遇受詛咒的風險，也沒有加入與女巫的協議，但她還是在塔上度過了自己的青春，讓女巫用她的頭髮爬上爬下。

衍伸使用者代表那些本身既不使用產品、也不與直接使用者和間接使用者互動的人。儘管與產品距離很遠，但他們仍受其影響。雖然每個設計都會產生非意圖的後果，但一點點的遠見可減少非意圖的、不好的後果。

在此活動中，團隊共同進行，以產生受產品影響的衍伸使用者清單。

制定

直接和間接使用者提供了一個堅實的基礎，讓你的團隊去思考其他可能受影響的人。制定討論以著眼於任何可能受到產品、直接或間接使用者影響的人。

你將做什麼？	列出衍伸使用者
結果是什麼？	可能受到產品、直接或間接使用者影響的使用者清單
為何這是重要的？	幫助團隊避免非意圖的後果，其與專案目標背道而馳
你將如何進行？	共同進行

要制定衍伸使用者的討論，請說：

> 「關於誰將使用該產品，以及他們與誰交談和一起工作，我們已有一個很好的想法。現在，讓我們尋找除了上述外其他可能受影響的人。」

促進衍伸使用者產生

詢問大家：

> 「我們的間接使用者將與誰互動？」

將衍伸使用者放在靶心畫布的外圍（圖 10-5）。

產品使用者圖

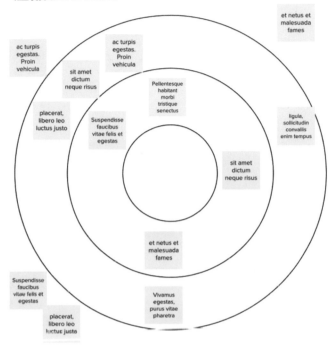

圖 10-5
將衍伸使用者寫在靶心畫布外圍

追問間接使用者使用的方針或流程

許多非意圖的後果不是源於產品,而是源於間接使用者觸發的方針、流程或結果。尋找其日常行為會影響多數人的重要間接使用者。例如,偷萵苣不直接影響長髮姑娘。而是女巫要求第一個出生孩子的方針,和父親同意此協議的方針,影響了她。

為對的使用者建立對的產品

在你識別出衍伸使用者後,團隊將擁有一個使用該產品及受產品影響的人的生態系統。這個共享願景(誰與此系統有關係),將引導並影響接下來關於產品的討論。靶心畫布可以幫助團隊考量與深思誰受其產品決策影響。

一旦團隊創建出使用者整體狀況的共享願景後，就是時候重新檢視團隊最初的他們將為誰建造的假設。團隊將產生許多不同的使用者群組在靶心畫布上。

在下一章，我們將學習使用者檔案畫布如何幫助團隊了解使用者的任務、情境、影響力和動機。

[11]

用使用者檔案畫布探索使用者屬性

有人分享了他們正建構一個報告的介面。「看起來不錯」，我說。「使用者想試著在這裡做什麼？他們為什麼要看這份報告？」他們不知道。如果我不知道使用者試著要做什麼，我如何提供回饋？

一旦你開始設計和建造，你的使用者及其需求將驅動大多數的決定。就跟專案其他方面一樣，團隊同樣有兩個使用者問題。不是他們尚未同意他們的使用者是誰，就是他們尚未得知使用者的正確資訊。你可以幫忙你的團隊達到對使用者有共同了解（包含他們所需的確切資訊）。

在本章中，我們將探討團隊如何聚集在使用者檔案畫布前討論、探索並一致同意誰是他們的使用者、他們的任務、情境、影響力，甚至目標和 JTBD。

雖然我通常是在啟始專案探索時創建使用者檔案畫布，但你也可以在任何時候創建它們，並鼓勵你能不斷地回頭訪視它們。

使用者檔案畫布是如何運作的

使用者檔案畫布會創建一個視覺化的清單，幫助團隊思考使用者的任務、情境和影響力。使用者檔案畫布創建出一個空間，可讓團隊在其上收集一位使用者的屬性。收集到的資訊來源可以是來自研究見解或團隊對使用者的默認知識（圖 11-1）。在短時間內，團隊可以整合大量關於使用者的資訊：

1. 共同進行，團隊產生任務和情境清單。

2. 團隊共同進行去識別出使用者的目標或需要完成的工作。

3. 團隊產生使用者的痛苦的清單。

4. 團隊產生使用者的獲益的清單。

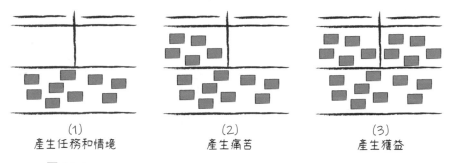

|(1)|(2)|(3)|
|產生任務和情境|產生痛苦|產生獲益|

圖 11-1

先產生使用者的任務和情境，再著眼於影響力像是痛苦和獲益

團隊從任務開始，然後再移至使用者的目標，因為人們去列出任務較容易。這些任務也提供給我們一些提示，關於真正潛在的目標是什麼。

為每個目標使用者創建一個使用者檔案畫布。在活動結束時，團隊將收集好很多珍貴資訊，包含使用者任務、情境和影響力。

何時要探索使用者屬性

當團隊開始對產品的共同願景達成一致時，即在專案的一開始探索使用者屬性。對於使用者的任務、情境或影響力，如果你們沒有很好地達成一致或沒有清楚的文件時，也可以在專案任何時候使用此方法。

輸入和快速啟動

使用者檔案畫布假設你有一個或多個使用者，要描繪其輪廓。如果你還沒有清單，先幫助團隊識別出要進行描繪的使用者清單（第十章）。如果要描繪輪廓的使用者超過 3–5 位，幫助團隊對使用者進行排名，因此你能著眼於最重要的使用者上。

開始的第一步，在畫布上方寫下使用者的名字。如果你知道目標或 JTBD，也要寫下來。（如果沒有，團隊可以在活動 3 中去識別目標或需要完成的工作。）

你將使用的素材

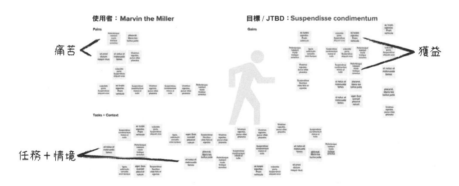

圖 11-2
使用者檔案畫布可幫助團隊收集使用者的任務、情境、痛苦和獲益

使用者檔案畫布

在白板或牆壁上繪製或投影出畫布，或在一張紙上繪製畫布（圖 11-2）。你不需要中間走路的人型，但是我喜歡它指出使用者朝向獲益並遠離痛苦。

個人的痛苦和獲益

一旦被捕獲後，當團隊討論使用者的屬性時，痛苦和收穫可能會移動。

任務和情境

一旦被捕獲後，它們也可能移動。常見團隊依照主題（咖啡）或類型（教育）或管道（行動裝置）對任務分組。

在網站上查找範本、框架素材和遠端資源：

http://pxd.gd/users/profile-canvas

活動 1：產出任務和情境

團隊討論使用者任務很容易，因此我們從這點開始。但是，這有一個蹊蹺。每次使用者做某事時，他們可能與某人一起做，且必然是在某處、某個時間、某種頻率下。要捕獲任務，團隊也需要捕獲該任務的情境。

在此活動中，團隊成員將共同進行以產生使用者任務及其情境的清單。

制定

你將做什麼？	列出使用者的任務
結果是什麼？	使用者故事／情境的一個清單
為何這是重要的？	幫助團隊了解和優化使用者進行任務的情境下的功能
你將如何進行？	共同進行

要制定使用者任務和情境的討論，請說：

> 「讓我們列出每位使用者的每個任務及其情境，以便我們了解使用者嘗試要完成什麼。」

促進任務和情境產生

詢問每個人使用者在做什麼。當團隊識別出任務時，捕獲每個任務放在畫布下方。如果你是在白板上繪製畫布，則將任務寫在白板或便利貼上（圖 11-3）。

每個任務應遵循特定的格式：〔任務〕+〔情境〕。例如，如果 Regular Joe 的任務是幫辦公室的人點咖啡，則你用以下方式捕獲：

> 〔幫辦公室的人點咖啡〕+〔在工作時 白天 用桌上型電腦 每 2 週 與同事〕

這捕獲了任務和情境（包括何處、何時、什麼設備、頻率以及與誰）。並非所有任務都具有或需要這麼多情境資訊。根據你最佳的判斷，來決定什麼是足夠的。有些任務的情境較多，有些任務的情境則較少，隨著討論的進行，你可返回編輯以加上更多情境資訊。

小組討論和腦力激盪一起進行，以產生任務和情境。鼓勵人們提出任務和情境，並自己將其紀錄到白板上。如果你人數超過 5 人，則分成 3-5 人的小組，分別給每個小組分配一個使用者去探索。

為了吸引不出聲的參與者並收集更廣泛的觀點，要求團隊成員先私下產生任務＋情境的清單，然後再聚集在一起分享並放到畫布上。

圖 11-3

在畫布下方捕獲使用者任務

追問其他的任務

使用問題或陳述來追問其他的任務。有時，輕輕推動將促使參與者產生大量的想法。當團隊想到其他任務時，請將其捕獲到畫布上：

- 使用者可能還做其他任務嗎？

- 使用者也可能⋯

追問相關的任務

每個任務可能有其相關的任務。詢問之前和之後發生的其他任務[1]：

- 使用者是否做了任何任務的準備工作？

- 使用者在完成這些任務之前，是否需要任何資訊或材料？

- 使用者如何知道何時要做此任務？

- 如果任務正進行中，則使用者如何保持在正軌上？

- 他們怎麼知道要調整或改變自己要做的？

- 一旦完成任務，接下來他們是否會做什麼？

當痛苦、獲益和目標出現時，捕獲它們

良好的任務討論會揭露出使用者的痛苦、獲益和目標。當團隊識別出這些時，請將它們紀錄在畫布的適當區域中，以確保你記住它們並強化每個人的輸入都是有效且是有被聆聽的。如果團隊開始轉移話題或推延，提醒他們你很快將進行痛苦、獲益和目標的討論，重新將團隊聚焦在任務＋情境上。

依相似性進行任務分組

有時用邏輯將任務分組很有用。要求團隊對任務進行分組，組別將會自然地出現。有兩種常見的任務的組織方式，可能會在稍後畫旅程或接觸點時（第 IV 部分），為團隊提供幫助：

---

1   Bettencourt and Ulwick, 2008.

- 依相似性分組：這些任務與騎驢有關，那些任務與其他旅行者有關，依此類推。
- 依時間分組：這些任務先發生，那些任務後發生

完成並移至痛苦的產生

一旦團隊識別出任務並進行了分組，你就準備好分析它們以了解其核心目標了：

> 「讓我們來談談使用者的核心目標。」

活動 2：分析任務以識別出使用者目標

用產生出的任務來了解使用者的核心目標，從而驅動一個非常棒的產品體驗。

非常有可能，已經有人脫口而出使用者目標。也非常有可能還沒。目標是模糊的。使用者目標的模糊度與是否用正確高度處理它有關。在 *The User Is Always Right* 一書中，Steve Mulder 說明了你如何在不同層級討論使用者目標（圖 11-4）。

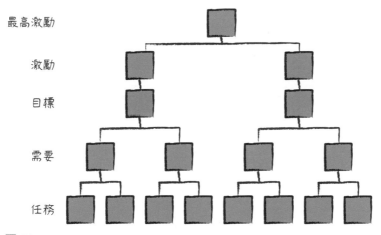

圖 11-4

Steve Mulder 說明了使用者目標如何根據其層級而有變化

在較低層級，你清楚地談論任務，使用者採取的獨立、特定時間的行動。在磨坊主人與其兒子的寓言中，一項任務是騎驢。另一項任務則是聽其他旅者貶低你。所有任務都假定某種介面存在。騎驢假定驢子存在。被貶低假定語言存在。

相對地，目標是永恆的。由於是永恆的，它不能依靠任何特定技術或介面。

使用者完成任務以實現目標，因此你可以想像任務就像是梯子上的橫桿踏階，引領你上到目標。要識別出使用者目標的一種簡單方法是拿一個任務像是「騎驢」，並詢問：「為什麼使用者要騎驢？」

磨坊主人回答說：「去城鎮。」去城鎮可能是目標，但你也可以再問為什麼磨坊主人要去城鎮：「去賣掉我的驢子。」去城鎮是一個不錯的目標，但在層級上低於磨坊主人要出售驢子這樣的目標。你應該要為什麼層級的目標去設計？這要看狀況。你為較低層級的目標設計以使你可控制幅度較大？還是你著眼於較高層級的目標，其提供更多潛在價值？

這取決於你的專案。對於每個專案，你都將移到一個感覺「對」的層級。

制定

你將做什麼？	識別出使用者的目標
結果是什麼？	一個單一目標或許多目標
為何這是重要的？	目標可幫助團隊為痛苦和獲益去設計，其決定著體驗的品質
你將如何進行？	詢問為何使用者要做某個任務，直到你找到潛在的目標

要制定使用者目標的分析，請說：

> 「讓我們弄清楚為何使用者要做這些任務。使用者真正試著去實現的是什麼？他們的目標是什麼？」

用五個為什麼追問目標

拿一個任務並了解其潛在目標的最簡單方法是問「為什麼」。你可能聽過要問為什麼五次。

從業人員使用這個技巧（通常稱為「五個為什麼」[2]），來找出一個問題的根本原因。當你看到一個問題時，問自己為什麼它會發生。得到那個答案後，再問一次為什麼。一次又一次，直到你找到問題的根本原因。在精實思考的世界裡，這樣的分析會深掘出系統中的問題，因此他們能被修復。所有幼兒都知道，五個為什麼可以揭露出任何事物背後的根本問題。而它也適用於這個任務活動上。

要發現目標，請從使用者檔案畫布中選擇一個任務或一群任務，然後問：「使用者為什麼要這樣做？」

你可以問：

- 「為什麼磨坊主人走在路上？」去鎮上。
- 「他為什麼要去鎮上'？」去賣掉他的驢子。
- 「他為什麼要賣驢子？」要賺錢。
- 「他為什麼要賺錢？」要付手機帳單。
- 「他為什麼要付手機帳單？」這是他用 app 訂購咖啡唯一的方法。

在故事中每個路人都提供了有關如何到達城鎮的建議，但沒有人提供有關如何使用行動 app 購買咖啡的建議。或如何賺錢。或如何賣掉他的驢子。我們可以將這些答案對應到 Mulder 的層級上（圖 11-5），你可以看到根本原因分析如何揭露出不同層級的、你可以選擇去解決的問題。

2　於 *The Toyota Way*（譯：豐田模式）一書中被討論。

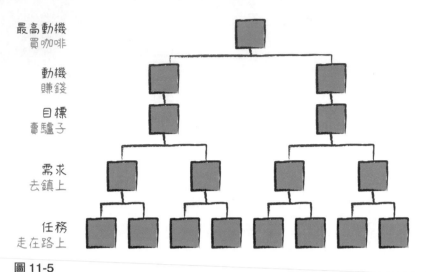

圖 11-5

五個為什麼顯示出在不同層級要解決的問題

使用者目標的力量來自於你如何回答這些為什麼。如果磨坊主人給你不同的答案呢（圖 11-6）？

- 「他為什麼要賣驢子？」因為他有太多的驢子。

- 「為什麼他的驢子太多？」因為他的農場只有這麼大的空間。

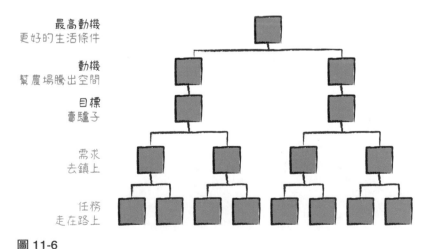

圖 11-6

五個為什麼不同的答案揭示出要解決的不同問題

在上面兩種情況，更好的驢子去鎮上的運輸方式有助於磨坊主人賣驢子。當你幫助磨坊主人實現其核心目標時，真正的創新就會出現。他的核心目標是買咖啡還是管理驢群數量？

堆疊目標成階

你每再問一次「為什麼」，使用者需求的層級就往上一階。用個人資料畫布來記錄為什麼的答案（圖 11-7）。

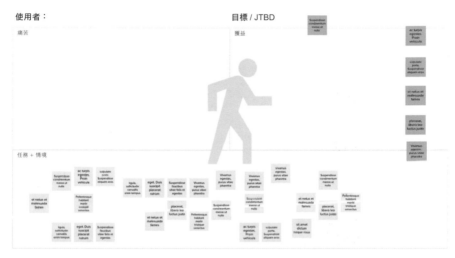

圖 11-7
當你詢問為什麼、層級往上一階的同時，捕獲這些內容在個人資料畫布上

一旦你感覺你已達到對的使用者目標層級，請與團隊討論以達成共識。通常，你會發現對的高度，是因為你過高了一或兩階。重要的是，團隊決定著眼於一個或多個目標。這並不表示沒有其他目標。而是團隊做出了他們將專注於這個目標的決定。

完成並移至使用者痛苦

在識別出使用者目標後，團隊現在有一個清晰方向，去評估使用者的痛苦和收穫。痛苦總是較容易產生，所以從這裡開始：

> 「現在，我們已經識別出我們認為最重要的使用者目標，讓我們看看阻礙使用者邁向目標的痛點和問題。」

活動 3：產出使用者痛點

唯一比使用者任務更容易想像的是他們的痛點。現在，你已了解使用者的任務和目標，接著捕獲使用者試圖去避開的煩惱、障礙和負面成果。

每項任務中使用者都必須克服煩惱和障礙，且人們喜歡談論負面副作用。了解這些煩惱和副作用，將幫助團隊更理解核心目標和需要完成的工作，及識別出產品能幫使用者克服的問題。

制定

你將做什麼？	產出使用者痛點、障礙、和風險
結果是什麼？	使用者痛苦的清單
為何這是重要的？	揭露出會影響使用者行為和決定的限制
你將如何進行？	小組一起腦力激盪出使用者痛苦清單

要制定關於使用者痛苦的討論，說：

> 「讓我們談談使用者的痛點和障礙，以便我們尋找可以改善使用者體驗的方法。」

產生痛苦

問大家：

> 「使用者做這些任務時討厭什麼？他們發現最惱人的是什麼？」

當團隊產生出痛苦時，請在使用者檔案畫布的左側記錄它們（圖 11-8）。

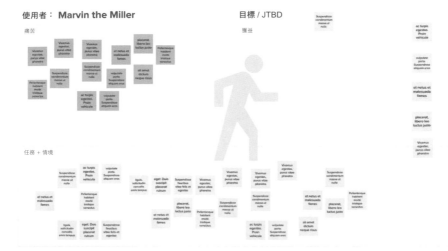

使用者：Marvin the Miller

目標 / JTBD

痛苦

獲益

任務 + 情境

圖 11-8

捕獲使用者痛苦在使用者檔案畫布的左側

該團隊將產生三種使用者痛苦的類型：

- 障礙，使完成任務變得更困難的

- 煩惱，使任務令人沮喪的

- 負面副作用，使用者在完成任務時想避開的

探索每種類型的使用者痛苦[3]。

追問障礙

障礙指的是所有阻止使用者完成任務或實現其目標的東西。障礙也可以描述讓使用者工作變得更困難的任何事情。

追問團隊關於所有障礙。詢問是否有任何妨礙使用者實現其目標的障礙。用特定問題來追問：

3　看 Ulwick, Anthony W., and Lance A. Bettencourt.「Giving Customers a Fair Hearing.（給客戶一個公平的聆聽）」MIT Sloan Management Review, April 1, 2008; Bettencourt, Lance 和 Anthony W. Ulwick,「The Customer-Centered Innovation Map.（顧客是你的創意中心）」*Harvard Business Review*, May 2008；和 Osterwalder, Alexander, 等人 . Value Proposition Design: How to Create Products and Services Customers Want.（價值主張設計：如何創建客戶想要的產品和服務）Wiley, 2014.

- 這是否太昂貴？

- 他們是否不明白他們需要做什麼？

- 他們沒有足夠的時間？

- 他們缺乏必要的訓練？

- 他們是否無法得到所需資訊或工具？

追問煩惱

煩惱指的是任何讓使用者感到沮喪的事情。問：

> 「使用者發現什麼惱人或沮喪的？他們會改變什麼以讓事情變得更容易？」

使用特定問題來追問煩惱：

- 是否有缺少的功能？

- 是否有任何常見的故障？

- 性能是問題嗎？

- 你的客戶常犯哪些錯誤嗎？

- 有任何事情花費太多時間？

- 有任何事情花太多錢？

- 有任何事情需要太多力氣？

- 是什麼讓工作具挑戰性？

- 有什麼可以更有效率？

- 有什麼需要進行除錯 / 故障排除？

- 他們使用什麼變通方法？

追問負面副作用

負面副作用指的是當他們完成任務時所發生的不想要的結果。問：

> 「即使使用者成功了，有產生任何他們不喜歡的副作用嗎？」

用特定問題來追問：

- 使用者是否擔心他們如何被看待？

- 他們是否感到內疚？害怕？尷尬？

- 使用者擔心什麼會出問題？

- 使用者是否擔心額外的費用或成本？

依嚴重度排名

在團隊識別出痛苦後，了解什麼痛點會造成最大的問題。按照嚴重度，從最嚴重到最不嚴重對痛苦進行排名（圖 11-9）。

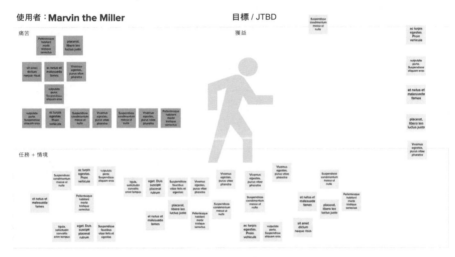

圖 11-9

按照嚴重度，從最嚴重到最不嚴重對痛苦進行排名

完成

列出痛點並按嚴重度排序後，是時候將討論轉移到使用者的收穫了：

> 「現在我們了解使用者的痛苦，讓我們談談什麼是使用者喜歡的。」

活動 4：產出使用者獲益

痛點和障礙會在我們的腦海中逼近放大。幫助使用者避開痛點並克服障礙，可使他們生活中糟糕的東西變少，但這無法讓他們的世界變得更好。使用者獲益像是預期的結果和非預期、意外的喜悅時刻，為你的產品提供了一個可明確去追求的亮點路線圖。

最基本的，使用者對任何互動都有特定期望。了解這些期望，以確保你的團隊創造出對的體驗。

制定

你將做什麼？	列出使用者預期的和非預期的獲益
結果是什麼？	使用者獲益清單
為何這是重要的？	揭露出會影響使用者行為和決定的限制
你將如何進行？	小組一起腦力激盪出使用者獲益清單

要制定使用者獲益的討論，請說：

> 「讓我們來談談使用者獲益是什麼，以便我們確保體驗有符合他們的期望。」

產生獲益

問大家：

> 「使用者實現這個目標時，他們將獲得什麼？他們期望實現什麼？」

當團隊產生獲益時，將其紀錄在使用者檔案畫布的右側（圖 11-10）。

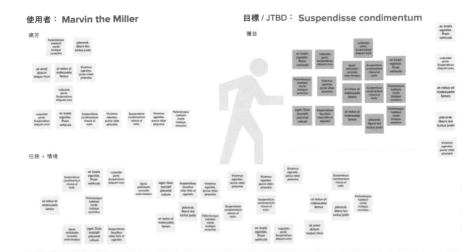

使用者：**Marvin the Miller**　　　　目標 / JTBD：**Suspendisse condimentum**

圖 11-10
在使用者檔案畫布的右側紀錄使用者獲益

該團隊將產生三種使用者獲益的類型[4]：

- 需要和預期的獲益，使用者一定要取得才會認為他們自己成功的

- 想要的獲益，使體驗更好的

- 非預期的獲益，讓使用者開心的

追問每種類型的使用者獲益[5]，並為使用者創造出一個更好產品的樣子。

追問需要和預期的獲益

對於某些體驗，使用者需要並預期會有某些結果。例如，如果你在咖啡店吃東西，你預期能坐著，並且需要食物是可食用且美味的。

4　這三種類型的使用者獲益與 Kano 分析探討的五種類型的客戶偏好相呼應。另一種探索使用者獲益的方法，請查看「Kano 模型」。Wikipedia. Wikimedia Foundation, June 7, 2017. Web. June 28, 2017. *https://en.wikipedia.org/wiki/Kano_model.*

5　See also Ulwick and Bettencourt, 2008; Bettencourt and Ulwick, 2008; and Osterwalder, Pigneur, Bernarda, and Smith, 2014.

在狩野分析（Kano analysis）中，需要和預期的獲益稱為「必須（must-be's）」，因為它們必須存在於體驗中。當你設計一個體驗，如果它不能滿足使用者的需要和預期的獲益，那立即是一失敗，因此團隊需要去識別出這些期望和要求。

問：

> 「使用者完成這些任務時有什麼期望？什麼獲益是他們成功所需要的？」

用特定問題追問獲益：

- 哪些特定功能是需要的？
- 使用者期望有什麼成果？
- 什麼成果或功能是使用者過去體驗過的？
- 什麼成果或功能是競爭者有提供的？
- 使用者如何知道他們成功了？
- 使用者如何測量性能或品質？
- 使用者如何決定價值或成本？

追問想要的獲益

不像需要和預期的獲益「必須」成為體驗的一部分，想要的獲益代表那些使體驗更好的成果。想要的獲益就像蛋糕上的糖霜。即使沒有糖霜，蛋糕就很棒。但糖霜讓它變得更好。

Kano 模型將想要的獲益稱為「魅力（attractors）」。當使用者比較兩個完全相同的體驗時，提供更多想要的獲益的體驗將對你的使用者更具魅力。

詢問什麼成果將讓使用者的體驗更好。用特定問題追問：

- 省掉什麼將使客戶開心？時間？錢？力氣？
- 什麼的品質是客戶希望更高的？
- 什麼成果可讓使用者感覺更好？
- 你如何降低使用者的風險？

追問非預期的獲益

意外／非預期的收穫代表那些使用者從未期望或知道的意外喜悅時刻。由於它們是無法被預期到的，因此沒有一個固定方法去識別這些意外獲益。我將分享一個我個人的例子。

有一天，我在 MacBook 上打開地圖 app 找一家餐廳。當天稍晚的時候，在去該餐廳的路上，我打開了 iPhone 上的地圖 app 以取得前往該餐廳的路線。雖然我還沒在我的手機上搜尋該餐廳，但發現該餐廳已列在選項的首位。沒預期到會有這種事，我非常開心。

但開心即代表這是意外發生的，因此很難想出來。

詢問：

> 「我們可能要如何才能使體驗更好？」

其他追問的問題：

- 什麼是客戶夢寐以求的？
- 節省哪些時間、成本或力氣可以使他們感到高興？
- 什麼是客戶最感到如釋重負的？

對使用者的價值來排名獲益

就像使用者的痛苦一樣，將獲益從最想要到沒那麼想要進行排序可能會很有用（圖 11-11）。

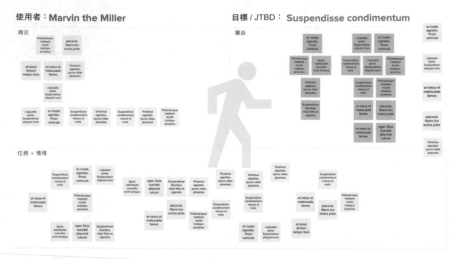

圖 11-11

從最想要到沒那麼想要，用偏好度將獲益進行排序

探索使用者屬性以建立更好的產品

過完這四個主題，你已經完成了使用者檔案畫布。你不僅有一個使用者任務、痛苦和獲益的清單，還有一組使用者目標以引導整體體驗。你使用這些輸入來創建使用者模型。

對於新專案，對每位關鍵使用者建立個人資料畫布，可以幫助團隊理清他們可以去設計的任務，並了解那些真正影響使用者行為的痛苦和獲益。

你也可以將這些活動分開並個別運用。你可以從任一個任務開始，去討論和識別使用者目標。「為什麼」是個神奇的問題。同樣地，從任一個任務中，你可以追問其涉及的痛苦或獲益，以幫助設計出更好的產品。

如果你有多個使用者，團隊將產生相當豐富的資訊。你可能也注意到不同使用者之間的相似任務、情境、痛苦和獲益。你需要一個可分析和比較你所有使用者屬性的方法。在下一章中，我們將介紹屬性方格這個方法讓你可照著做。

[12]

用屬性方格分析
使用者需求和偏好

作為道路建設者，你如何知道何時為磨坊主人和他的兒子、他們的驢子或貶低他們的路人進行優化？團隊知道並假設太多有關使用者的資訊，很難了解哪些資訊是重要的、並使用這些資訊來做出決策。屬性方格幫助團隊分析使用者見解並了解哪些是最重要的。你的團隊將著眼於重要的情境和偏好，而你將幫助他們做到這一點。

在本章中，我們將了解屬性方格如何讓你獲得和理解所有團隊對一組使用者的了解，所以你可做出更好的產品決策。當團隊使用屬性方格來分析使用者情境和偏好時，可以提高可用性和效率並降低錯誤，且能滿足使用者偏好的產品具有更好的轉換率和更高的互動率。為了獲得這些，你不需要了解使用者的全部，只要了解那些重要的。

最重要的是，不像傳統的人物誌，隨著時間團隊逐漸了解更多有關使用者的資訊，屬性方格可以一起成長和進化。

屬性方格是如何運作的

將一堆使用者調查變成一頁的人物誌看似不可思議。實際上這是一個直截的、循序漸進的過程：

1. 獲取見解和觀察

2. 分組、分析和精煉資料

3. 識別出主要和次要使用者

屬性方格可幫助團隊捕獲並逐漸地更新調查，並使其易於編輯、組織和篩選資訊。方格上使用對比度和顏色，讓團隊可以一眼即知其相似性、相異性和模式（圖 12-1）。視覺化讓分析更容易，且讓團隊中的每個人更易理解。

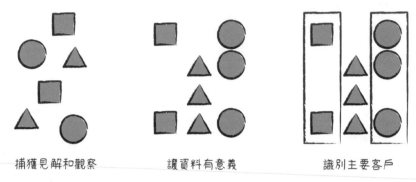

捕獲見解和觀察　　　　　讓資料有意義　　　　　識別主要客戶

圖 12-1
使用屬性方格去了解使用者情境和偏好，並識別出主要設計人物誌。

運用屬性方格，團隊可以記錄下使用者情境、行為和偏好，幫助團隊建構更合用的產品和更有魅力的體驗。屬性方格幫助團隊捕獲見解和觀察，讓資料有意義，並識別出產品的主要和次要使用者群組。

一旦你完成分析，你會有三個重要的產品工具：

- 主要使用者清單

- 重要屬性清單，其導引產品決策

- 屬性方格，作為一個你可以在上不斷更新的工具

四步驟流程

使用一個可重複的四步驟流程，來分析研究屬性方格（表 12-1）：

1. 產生見解和觀察，以創建整體概況。

2. 精煉資訊以使其清晰，以移除雜訊。

3. 解讀和分析，以展露模式。

4. 記錄以審視和分享，以排序重要事物。

表 12-1　屬性方格的四步驟流程

1. 產生以揭露整體概況	2. 精煉以移除「雜訊」	3. 解讀以理解	4. 記錄以分享
3–5 人	3–5 人	1–2 人	3–5 人
拆分你所知道的塊成組 指派值	追問更多資料 拆分並融合以精煉屬性 削減無關的屬性	重新排列行與列 篩選以聚焦在類型（塊）或品質（值）的項目	排序什麼是重要的 排列什麼挑戰假設的 填入你認為重要的 填入顯示為重要 審查與合作

何時使用屬性方格

你了解你的使用者越多，產品越好，因此在專案期間隨時使用屬性方格。並且請記住，方格是一個不斷進化的文件；每當你了解更多有關使用者的資訊時，都更新它。將方格與使用者排序（第十章）結合使用，或者先完成方格再去創建使用者模型，像是個人資料和人物誌（第十三章）。

輸入和快速啟動

屬性方格可以從使用者研究（例如觀察、訪談和調查）中收集定性或定量的見解。更好的研究是否提供更好的見解？絕對是的。然而，當你（還）沒有研究結果時，屬性方格幫助團隊從他們已知或認為有關使用者的資訊開始。

因方格以結構化的格式分析，從量化或質化的資訊開始，然後隨著時間重新查看以加入更好、更完整的資訊。當團隊知識增長，方格也隨著成長。

除了默認的團隊知識和使用者研究外，使用市場和趨勢研究來提供更多有關使用者行為和偏好的資訊。

你將使用的素材

方格上的每一列是一個使用者群組，收集到的每個情境和偏好的分析則放在不同的行上（圖 12-2）。這樣一來，團隊可以看到所有使用者群組在不同屬性上的比較。

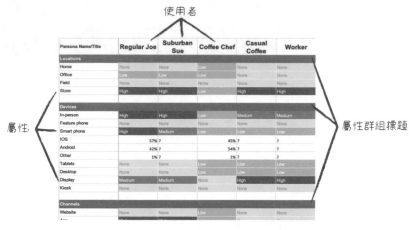

使用者

Persona Name/Title	Regular Joe	Suburban Sue	Coffee Chef	Casual Coffee	Worker
Locations					
Home	None	None	None	None	None
Office	Low	Low	Low	None	None
Field	None	None	None	None	None
Store	High	High	Low	High	High
Devices					
In-person	High	High	Low	Medium	Medium
Feature phone	None	None	None	None	None
Smart phone	High	Medium	Low	Low	Low
IOS	57% ?		45% ?		?
Android	42% ?		54% ?		?
Other	1% ?		1% ?		?
Tablets	None	None	Low	Low	Low
Desktop	None	None	Low	Low	Low
Display	Medium	Medium	None	High	High
Kiosk	None	None	None	None	None
Channels					
Website	None	None	Low	None	None

屬性　　　　　　　　　　　　　　　　　　　　　屬性群組標題

圖 12-2

屬性方格比較各使用者群組（列）與捕獲的情境和偏好屬性（行）。

屬性方格

在白板或牆壁上繪製或投影出方格，或在紙上繪製或印出方格。我建議使用試算表軟體，例如 Excel 或 Numbers。

使用者和屬性

收集使用者（列）及個別屬性（行）的分析。當你解讀和分析結果時，你可移動行和列以找出模式。試算表可輕鬆移動大量的行和列。

包含所有已識別出的使用者，或從最重要的使用者開始。

屬性群組

當你識別出屬性後，依照相似性將它們分組。雖然屬性可移動，但屬性的分組名稱不會經常變動。

在網站上查找範本、框架素材和遠端資源：
http://pxd.gd/users/attribute-grid

使用捕獲在屬性方格的使用者見解

情境：使用者何時、何處、如何加入

- 實體環境：使用者在何處、何時、何地加入？
- 資訊尋求行為：使用者如何找到資訊？
- 溝通行為：使用者偏好如何溝通？
- 合作和社交行為：他們如何與人互動？
- 偏好：什麼功能和內容是使用者偏好有的？
- 內容格式和偏好：哪種類型的內容是他們會使用和所偏好的？

特定內容和功能偏好：這個專案的什麼特定內容和功能是使用者有興趣的？

活動 1：產出屬性以揭露整體概況

你知道（或你認為你知道）很多關於你的使用者的事，但這遠遠超出你頭腦可記得的範圍。要將這些資訊集中到一個你可以看到的地方，從使用者研究或默認知識中收集見解，再把每個見解分別放入屬性方格的各行上。當你捕捉每個見解作為個別的、模組的單元時，團隊就能知道它如何對應到全部或一些使用者上。

制定

你將做什麼？	收集關於情境和偏好的屬性
結果是什麼？	依相似性分類的屬性清單
為何這是重要的？	識別出影響產品可用性和互動率的限制、需求和偏好
你將如何進行？	小組共同進行一次進行一個屬性

要制定屬性的產生，請說：

> 「使用者何時、何處、以及如何加入，對他們如何使用產品有很大影響。讓我們分析常見的情境和使用者偏好，所以我們能盡可能做出好的產品。」

收集實體地點和裝置

實體環境像是裝置、管道和頻率，強調出會影響產品可用性的限制。使用者在何處以及如何與產品互動，提供了使用者產品使用上的關鍵限制。

- 使用者將在哪裡使用產品？在家？辦公室？現場？在戶外？

- 使用者將使用哪種裝置與產品互動？筆電還是桌上型電腦？平板？智慧型手機？功能型手機？ kiosk ？顯示螢幕？電話？紙表單？智慧型裝置？

- 使用者將使用哪些管道？網路？一個 app ？聊天室？語音？電子郵件？簡訊？

- 使用者想如何從產品送出或收到消息？

當團隊識別出位置、裝置和管道時，將其放在屬性方格的行上。

對每個屬性進行評分

在方格上，使用 T 恤尺寸（S、M、L 號）作為每個屬性在每個使用者群組的行上的值（圖 12-3）。團隊用 S、M、L 去概括，而不用進行特定研究來對每個屬性評分。T 恤尺寸也迫使團隊去比較每個使用者。S、M、L 的意義就如同詢問：此屬性對應到這個使用者上，是等同、大於或小於其他使用者？由於你是用與其他使用者比較的方式來評分，因此請針對某個屬性對所有使用者評分，再移到下一個屬性。填完方格的一行屬性後再移到下一行屬性。

人物誌 名稱 / 標題	Regular Joe	Suburban Sue	Coffee Chef	Casual Coffee
地點				
家裡	無	無	低	無
辦公室	低	低	低	無
戶外	無	無	無	無
商店	高	高	低	高
裝置 / 方法				
親身	高	高	低	中
功能型手機	無	無	無	無
智慧型手機	高	低	低	低
平板電腦	無	無	低	低
桌上型電腦	無	無	低	低
顯示螢幕	中	中	無	高
kiosk	無	無	無	無
管道				
網頁	無	無	低	無
App	高	高	低	無
店內	高	低	低	高
得來速	低	高	無	無
聊天室	無	無	低	無
簡訊	無	無	無	無
電子郵件	無	無	低	無

圖 12-3

捕獲每個使用者群組的情境的分析。

為每個屬性選擇對的 T 恤尺寸

所有事物都用 T 恤尺寸去看，但不同屬性的尺寸其意涵可能是不同的。以人數和頻率為例來看。

對於**人數**，S、M、L 可以描述有多少人歸屬於一個使用者群組。S、M、L 跟相對於其他群體的人數有關。

對於**頻率**，S、M、L 代表某事低、中、高頻率。儘管如此，也要為每個尺寸作一些定義。低、中、高可轉換為每日、每週、每月；或每週、每月、每年；或是其他。

跟值相關的屬性，像是品質的重要性，低、中、高可能分別代表不重要、重要、非常重要。此外，團隊如何定義 T 恤尺寸可能在討論過程會有變化。你最常在頻率看到這樣的情況，團隊在評估其他使用者或屬性時，對原本定好的頻率有不同感覺。當團隊擴大對客戶群的理解時，這樣的變化自然會在討論中發生。

如果使用試算表，請在屬性中加上註釋，描述 S、M、L 的定義。特別是頻率相關的屬性，請確保為每個 T 恤尺寸指定一個特定值。S 相當於一天數次、每天、每週、每月或每年一次嗎？M 和 L 又代表什麼？

追問以調整評比

隨著討論的進行，你可能會發現要更新之前的評比。詢問團隊以了解他們是否同意。

一旦你填滿整個方格後，請再次詢問團隊以確認每個人都同意。追問是否存在分歧：「在繼續前進之前，是否有人不同意我們所捕獲的任何評比？」

讓反對者放心，他們有權利提出不同意見：「每個人都有否決權」。有任何你覺得團隊做錯的嗎？安撫他們內在的聲音：「你腦裡是否有任何聲音，呼喊著「這全錯了」？」

收集時間、頻率和持續時間

頻率和持續時間揭示出如何使產品合用的關鍵資訊：

- 使用者將在一天的什麼時候與產品互動？早上？下午？晚上？深夜？

- 人們多久使用一次此產品？一天數次？一天一次？一週一次？一個月一次？一年一次？只有一次？

- 當互動時，使用者將使用該產品於瞬間？短時間？更長的時間？

- 當互動時，使用者將完全專注於該體驗嗎？他們會同時進行多個任務嗎？完全不注意嗎？

分析尋找資訊的行為

人們如何使用產品可能同樣重要。使用者使用某些產品來得到資訊。追問使用者的尋找資訊的行為[1]：

- 使用者會知道他們在尋找什麼嗎？他們知道要用哪些字眼搜尋或瀏覽嗎？他們很了解要從哪裡開始嗎？

- 使用者是否對自己需要什麼已有想法，但不知道要用怎樣的字才對？他們會不知道從哪裡開始嗎？

- 使用者會知道他們需要知道什麼嗎？他們是否認為自己需要某件事，但實際上需要的是另一件事？

- 使用者是否需要從他們已經看過的內容中找東西？

分析工作群組的行為

對於為員工設計的產品，像是內部網路、作業流程和合作，請分析員工是如何工作和協作的：

- 員工花較多時間作為個人貢獻者或團隊貢獻者？

- 是否給予員工更多或更少的自主權？

- 員工工作是否會有干擾？

- 員工是否直接與外部或內部使用者合作？

- 他們是否管理其他員工？小團隊？大團隊？

分析社會性和協作行為

不管產品中是否有提供社會性和協作功能作為產品功能的一部分，使用者都可能參與社群媒體或與其他產品協作。了解使用者的社會行為可找到改善參與度 / 互動率和留存率的機會。

---

1   Spencer, Donna.「Four Modes of Seeking Information and How to Design for Them.（尋找資訊的四種模式及其設計）」Boxesandarrows.com, Boxes and Arrows, 14 Mar. 2006, *boxesandarrows.com/four-modes-of-seeking-information-and-how-to-design-for-them/*.

使用者如何與社群和群組互動？

- 使用者是否加入社群或群組？

- 使用者是否管理社群或群組？

- 使用者是否開啟新的社群或群組？

使用者如何與社群內容互動？

- 使用者是否閱讀發佈出的內容和訊息？

- 使用者是否對內容進行評分或評論（例如：按讚、喜歡）？

- 使用者是否回覆或評論內容？

- 使用者是否分享或推薦內容？

使用者如何貢獻出內容？

- 使用者是否發佈文章或寫部落格（如 Medium）？

- 使用者是否發佈微部落格和狀態訊息（例如 Twitter 或 Facebook）？

- 使用者是否貢獻資源（例如工具、樣板、工作表）？

追問格式的偏好

一個不成功的產品是當使用者偏好文字溝通時，它全部用影片進行溝通。確保你用使用者偏好的方式溝通：

- 使用者偏好短文字？長文字？

- 使用者偏好只有一些圖還是很多圖？

- 使用者是否偏好照片和插圖或圖表和圖解資訊？

- 使用者偏好影片？聲音？

分析內容和功能偏好

使用者還對產品的內容和功能有偏好。在屬性方格中以行的形式列出為產品計劃的內容和功能。對於每個內容和功能，請使用 T 恤尺寸來表示使用者的興趣或需求程度（圖 12-4）。

人物誌　名稱／標題	Regular Joe	Suburban Sue	Coffee Chef	Casual Coffee
內容和功能				
咖啡描述	低	低	中	無
飲品描述	中	中	無	高
預訂	高	低	無	無
Menu	低	低	無	高
馬克杯	無	無	無	無
外帶杯	低	無	無	無
點心	低	低	無	中
早餐	中	中	無	無
午餐	低	低	無	低
一般訂購	高	高	中	無
先前訂購	高	高	低	無
評分	無	無	中	無
評論	無	無	高	無
咖啡生產故事	無	無	高	無
咖啡起源故事	低	無	中	低
咖啡瑣事	低	無	無	低
公司瑣事	低	無	無	低
煮咖啡技巧	無	無	低	無
品嘗選擇器	中	低	無	無
保存技巧	無	無	中	無
咖啡約會對話技巧	無	無	無	無

圖 12-4

評估每個使用者對特定產品的內容和功能的興趣。

例如，你可能會列出特色飲品、幫助內容、評分、評論和分享內容。識別出使用者最想要或需要其中的哪些功能。

記得在每格上加上註釋，說明 T 恤的尺寸反映的是使用者的興趣、需求或使用頻率。例如，如果你有一個關於提前訂購的屬性，S、M、L 指的是，使用者對這個想法感興趣、他們真的需要這個想法、還是他們會（或將）一直使用此功能？

捕獲來自使用者、市場或趨勢研究的任何屬性

梳理可用的研究以識別任何可能的情境、行為或偏好。捕獲這些見解。即使該見解只與一組使用者有關，也要用該屬性去評估所有使用者。

加入所有的、每個可能的屬性

你不知道自己不知道的事，你也不知道什麼是重要的事。與團隊討論情境和偏好時，請包含所有出現的內容。有人可能會建議一些你覺得不重要的事。也許你是對的，但是在完成完整分析之前你不會知道，因此請包含所有內容。

完成產生，然後精鍊以移除雜訊

一旦團隊產生並收集好一全面的屬性，團隊就應該在方格中填入這些屬性。較不複雜的產品應至少具有 50 個屬性。複雜的產品則將很快超過該數量。

總結產出，然後移往審視並完善這些屬性。

活動 2：精鍊屬性以移除雜訊

在盡可能多地收集和評比屬性之後，團隊面對一堵巨大的雜訊障礙，埋藏於雜訊中的某處，團隊將發現驅使產品成功的關鍵見解。

在此活動中，團隊將共同進行以驗證數值、改善資料並移除無關的屬性，以提高方格中屬性的品質。

制定

你將做什麼？	審視屬性以改善品質並移除不需要的
結果是什麼？	一個完善過的屬性清單，其已依照相似性分類
為何這是重要的？	減少資料，從所有有可能的清單變成較相關的屬性清單
你將如何進行？	共同進行以審視所有屬性

要制定屬性的精鍊，請說：

> 「我們已經收集了有關我們使用者的大量資訊。讓我們審視屬性，刪除不必要的，並尋找可用真實資料替代 T 恤尺寸之處，因此確保我們能盡可能準確地描繪使用者。」

依類型將屬性分組

即使是小產品，團隊識別出超過 100 多種屬性的狀況也很常見。依相似性分組使這個很長的屬性清單更易於管理。檢視並將相似屬性合成一組（圖 12-5）。並且，當你識別出新見解時，請調整分組以最好地反映所有屬性。

管道				
網頁	無	無	低	無
App	高	高	低	無
店內	高	低	低	高
得來速	低	高	無	無
聊天室	無	無	低	無
訊息	無	無	無	無
電子郵件	無	無	低	無
目標				
完成儀式	高	高	高	無
使有精神	高	高	無	無
社交啜飲	低	低	無	高
細細品嘗	低	低	高	低
任務 / 工作				
研究咖啡	無	無	高	無
買咖啡	低	低	中	無
找一間店	中	中	無	中
嘗試咖啡	無	無	低	無
工作	低	無	無	低
使用 wifi	低	無	無	低
與朋友會面	無	無	無	中
休息	低	無	無	低
內容和功能				
咖啡描述	低	低	中	無
飲品描述	中	中	無	高
預訂	高	低	無	無
Menu	低	低	無	高

圖 12-5

依相似性對屬性進行分組和歸類，讓過長的屬性清單更易於處理。

移除無關的屬性

活動 1 中要包含所有與特定產品和體驗類型相關的項目。現在則要移除任何對團隊所知的使用者幾乎沒有價值的屬性。尋找沒有值的屬性（圖 12-6）。例如，如果你的產品不會出現在顯示螢幕或資訊亭 kiosk 中，請忽略這些屬性項目。

地點				
家裡	無	無	低	無
辦公室	低	低	低	無
戶外	無	無	無	無
商店	高	高	低	高
裝置 / 方法				
親身	高	高	低	中
功能型手機	無	無	無	無
智慧型手機	高	低	低	低
平板電腦	無	無	低	低
桌上型電腦	無	無	低	低
顯示螢幕	中	中	無	高
kiosk	無	無	無	無
管道				
網頁	無	無	低	無
App	高	高	低	無
店內	高	低	低	高
得來速	低	高	無	無
聊天室	無	無	低	無
簡訊	無	無	無	無
電子郵件	無	無	低	無

圖 12-6

沒有值的項目通常代表它是無關的屬性。當我們為旅遊人員設計 app 時，「戶外」可能是相關的，但對於我們的咖啡公司卻不是。他們卻也揭示了潛在的機會。如果商店真的增加了 kiosk 怎麼辦？如果可以透過簡訊提前訂購怎麼辦？

同樣的，那些所有使用者都有相同值的屬性，其提供的價值可能很低。例如，如果你要建構行動 app，則所有使用者在行動裝置的屬性值都會是「高」。追蹤行動裝置的使用並沒有增加任何有用資訊。

回訪和修改屬性值

屬性值永遠不是最終值。它們代表了團隊對使用者情境和偏好的最新認知。使用者的理解也會經過迭代過程。當你查看和討論屬性時，你的理解會發生變化。鼓勵團隊回訪和更改值，以反映他們不斷進化的使用者共同願景。

留意衝突處，是新使用者的信號

當團隊成員審視一個使用者群組的值時，聆聽討論中是否該使用者群組的某些成員具有一個值，而其他成員卻有另一個值。例如，你可能從一個單一技術人員的人物誌開始。在討論期間，團隊對於他們是在桌上型電腦還是平板電腦上工作持不同意見，而你發現到一些技術人員在辦公室的桌上型電腦上工作，而其他人則在戶外使用平板電腦。

這些相互矛盾的值揭示了將單個技術人員分為兩個獨立使用者的機會，即現場工作者和辦公室工作者（圖 12-7）。為新使用者新增一列，然後複製原始使用者的列貼到新列中。使用兩個不同的列，你可以捕獲兩類使用者互有衝突的值。

拆分或合併使用者群組以找出有用的需求或限制。每個使用者模型都是將一些真實人物壓縮為一個原型。這些人都是相似的。他們也有所不同。你可以將任一個使用者模型分成越來越小的組，直到一個人一組。

拆分使用者以支持更好的產品設計。除非新使用群者組顯示出有用的需求或限制，否則不要細分使用者群組。與任何事情一樣，在有意義的時候做。

人物誌	Regular Joe	Suburban Sue
裝置 / 方法		
親身	高	高
功能型手機	無	無
智慧型手機	高	低
平板電腦	無	無
桌上型電腦	無	無
顯示螢幕	中	中
kiosk	無	無
管道		
網頁	無	無
App	高	高
店內	高	低
得來速	低	高
聊天室	無	無
簡訊	無	無
電子郵件	無	無
目標		
完成儀式	高	高
使有精神	高	高
社交暢飲	低	低
細細品嘗	低	低
任務 / 工作		
研究咖啡	無	無
買咖啡	低	低
買飲品	高	高
找一間店	中	中
嘗試咖啡	無	無
工作	低	無
使用 wifi	低	無
與朋友會面	無	無
休息	低	無
內容和功能		
咖啡描述	低	低
飲品描述	中	中
預訂	高	低
Menu	低	低
馬克杯	無	無
外帶杯	低	無
點心	低	低
早餐	中	中
午餐	低	低
一般訂購	高	高
先前訂購	高	高

圖 12-7

屬性的值上有衝突，可能代表你應將一個使用者分成兩個或更多使用者群組。當我們發現 Regular Joe 在預訂和得來速屬性上有差異時，我們將他拆分而新增 Suburban Sue。

拆分和融合屬性以改善使用者模型

在檢視和完善屬性時，尋找將現有屬性拆分為多個屬性的機會，以便你可以追蹤更詳細的使用者資訊。同樣地，尋找將數個屬性合併成單一屬性有意義的地方。例如，如果你一個屬性是「買飲品」，則你可能想要將其分為兩種情境，一個是「買咖啡」，另一個是「買飲品」（圖 12-8）。將新屬性加到新的行上，並依每個使用者評分。新增、移除、合併和拆分屬性，以適配你產品的獨特使用者。

研究咖啡	無	無	高	無
買咖啡	低	低	中	無
買飲品	高	高	低	高
找一間店	中	中	無	中
嘗試咖啡	無	無	低	無
工作	低	無	無	低
使用 wifi	低	無	無	低
與朋友會面	無	無	無	中
休息	低	無	無	低

圖 12-8

繼續拆分和合併屬性，以創出最佳的使用者總體概況。此處我們拆分「買咖啡」以新增「買飲品」，是因為包裝咖啡和調製飲品是不同的。我們拆分「在商店中閒逛」成為四個不同原因，是因為使用者因不同理由在商店中閒逛。

改善資料和屬性值的保真度

低、中、高這樣的 T 恤尺寸可讓團隊快速分析環境和偏好。然而，T 恤尺寸就像繪製螢幕畫面草圖一樣。他們對於什麼是重要的提供了一個大概想法，但沒有提供完整資訊。

識別出需要更好資料的項目

在團隊進行分析時，識別出較重要的項目，並尋找方法以提高資料保真度。例如，如果你已用 T 恤尺寸訂出 iOS、Android 和 Windows 等行動作業系統的值，但在你投入為特定平台建構原生 app 之前，你可能會想要更精確的數字。

識別出可用的資料

對於需要更好資料的項目，識別出如何把你現有的資料加入（圖 12-9）。在某些情況下，透過分析抓出資料。例如，你可能從現行的分析平台（例如 Google Analytics 或 Adobe Marketing Cloud）中抓出手機作業系統的特定資料。

識別出資料來源，以及你團隊中有誰可以取得資料。

裝置 / 方法					
親身	高	高	低	中	中
功能型手機	無	無	無	無	無
智慧型手機	高	低	低	低	低
IOS	57% ?		45% ?	?	
Android	42% ?		54% ?	?	
其他	1% ?		1% ?	?	
平板電腦	無	無	低	低	低
桌上型電腦	無	無	低	低	低
顯示螢幕	中	中	無	高	高
kiosk	無	無	無	無	無

圖 12-9

如果可能的話，請用更好的資料替換 T 恤尺寸。

計劃去獲取缺失的資料

所有你需要但無法取得的資料，就代表這是需要去研究的東西。讓研究方法配適於專案目標及時間、成本和難度。（請參閱第九章中的「為創建使用者模型的使用者研究」。）識別出誰將進行研究及何時進行。這一段超級重要。如果你沒有持續識別出研究需求並推動更多研究，那麼所有體驗機所創建出的都將有所不足。

加上其他使用者資訊

你的團隊已經了解其使用者很多，你可以收集所有資訊放入屬性方格中。這可能包括任務、目標，甚至使用者之間的關係。

加上任務和目標

將使用者任務或目標加入，顯示它們對每個使用者群組的重要性（圖 12-10）。多數使用者群組將共享任務和目標。從使用者檔案畫布中拉出任務和目標（請參見第十一章）。當團隊看到使用者如何共享任務和目標時，他們可以更好地排列出建構事物的優先順序。

目標				
完成儀式	高	高	高	無
使有精神	高	高	無	無
社交啜飲	低	低	無	高
細細品嚐	低	低	高	低
任務 / 工作				
研究咖啡	無	無	高	無
買咖啡	低	低	中	無
買飲品	高	高	低	高
找一間店	中	中	無	中
嘗試咖啡	無	無	低	無
工作	低	無	無	低
使用 wifi	低	無	無	低
與朋友會面	無	無	無	中
休息	低	無	無	低

圖 12-10

加入任務、目標、工作和互動值，以提高團隊對使用者的了解。

加上與其他使用者的關係

把其他使用者加到行上，以顯示每個使用者與其他使用者互動的頻率或彼此之間有多大影響（圖 12-11）。參考團隊用靶心畫布識別出的使用者（第十章）。當你分析接觸頻率或影響力時，你顯示出使用者與誰溝通和協作的見解。

影響				
Regular Joe	中	中	低	低
Suburban Sue	中	中	低	低
Coffee Chef	無	無	高	無
Casual Coffee	中	中	無	高
其他店內訪客	中	中	低	無
機場旅者	無	無	無	低

圖 12-11

加入其他使用者作為行，以了解使用者如何互動和相互影響。

完成精煉並移往理解和找尋模式

當團隊進行精煉時,請加入所有新出現的屬性。當精煉開始慢下來,將團隊的重點移到解讀和理解屬性並找到模式:

> 「看起來我們對使用者及其需求和偏好已有完整的了解 。讓我們退後一步尋找模式,我們可用來讓產品更好。」

活動 3:了解使用者行為中的模式與離群值

即使團隊了解很多使用者的很多事,你也不會想為所有人設計所有東西。優秀的產品團隊會識別出全部使用者中的特定子集合,去為他們設計以實現最大價值。這並不總意味著忽略一些使用者。有時候,幾組使用者表現出相似的行為、情境和偏好。當你為這些使用者之一進行建構時,該產品也同時支持類似的使用者。你所建構的將獲得最大效益。

在有精鍊的屬性後,團隊檢查使用者群組之間如何進行比較。為此,團隊將尋找使用者共享屬性的地方,以及群組具有相反值的地方。

制定

你將做什麼?	顯示使用者行為和偏好的模式
結果是什麼?	了解使用者是如何相似與相異
為何這是重要的?	顯示關鍵限制與需求
你將如何進行?	小組進行,重新排列和篩選屬性

要制定屬性分析,請說:

> 「從我們精鍊後的使用者屬性組,我們將開始審視和過濾屬性以找到模式。讓我們從尋找使用者相似之處開始。」

接近和拉遠

要找到模式，請拉遠方格以看到總體趨勢。而拉近方格以找尋模式。

過程中你將改變視角，從近看到遠看，然後再一次近看到遠看。將焦點從使用者和列轉移到查看各行屬性。使用者模型是在二維空間裡，但實際上使用者是在豐富的、多面向的生活裡。把方格像鷹架一樣使用，可以四處爬，並從不同的角度查看使用者，對他們所需建立更深入的了解。

尋找可識別相似使用者群組的總體模式

拉遠以查看整個使用者方格。看各個使用者列。哪些使用者看起來相似？在深色和淺色中尋找模式，以識別相似的使用者。移動相似的使用者使彼此相鄰，因此相似的使用者在方格中會群聚在一起（圖 12-12）。相似的列顯示出，只要為其中一類使用者設計，就可以讓你滿足多個使用者所需。

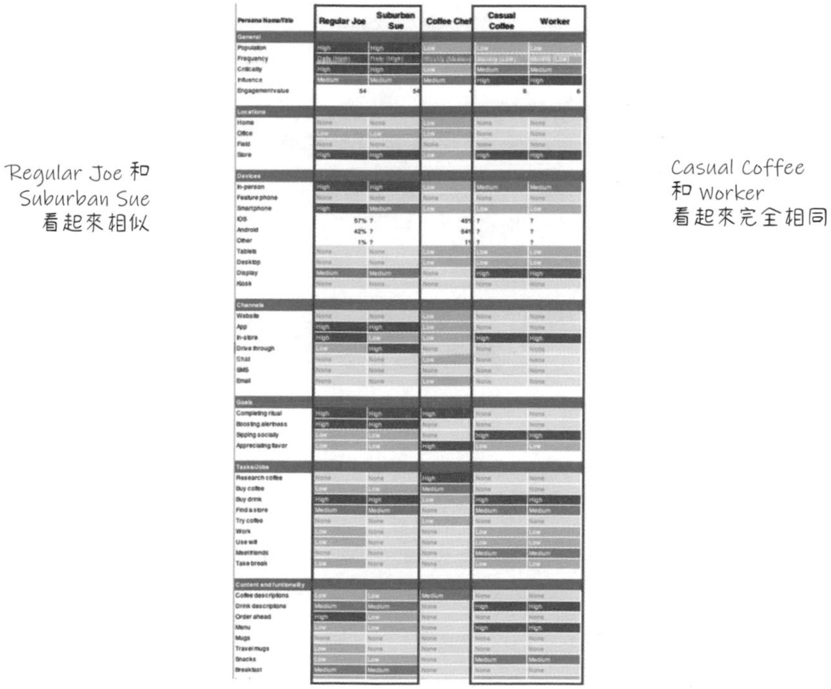
Regular Joe 和
Suburban Sue
看起來相似
Persona Name/Title
Regular Joe
Suburban Sue
Coffee Chef
Casual Coffee
Worker
Casual Coffee
和 Worker
看起來完全相同

圖 12-12

拉遠以查看整個方格中相似的使用者列，並將相似使用者列移動彼此為鄰。

移動行以放大相似和相異

當你審視屬性群組時，請注意屬性值深色淺色在哪裡交替出現。交替出現的顏色很難看出模式。移動深色行與其他深色行相鄰，以使模式更易看出來。

通常，移動行會使某些使用者較容易看出模式，但同時會使其他使用者較難看出模式。什麼才是最合理的？什麼顯示出最佳模式？移動屬性行以放大你認為較重要的模式。

識別出最重要的情境、需求和偏好

這些模式揭示出所謂成功產品的要求和限制。要識別出最重要的屬性，請查找會影響每個使用者甚至離群值的屬性。尋找有建設性的。專案應該做什麼？也要識別出那些不要做的、負面的需求。團隊稍後在做產品設計決策時，可以回訪並想起這些屬性。

識別出重要內容

一些情境提及整個系統的需求。例如，所有使用者都可能使用智慧型手機。尋找那些提及內容需求的屬性。如果使用者想在購買前想了解產品的大小，則你需要提供尺寸。尋找那些描述你應如何建立內容的屬性。不熟悉產品的使用者需要較多資訊。精通產品的使用者可能需要更多專業內容。當團隊識別出重要屬性時，在方格的「關鍵」列放上「Ｘ」標記它們（圖 12-13）。

人物誌	關鍵	Regular Joe	Suburban Sue	Coffee Chef	Casual Coffee	Worker
裝置 / 方法						
親身	x	高	高	低	中	中
功能型手機		無	無	無	無	無
智慧型手機	x	高	低	低	低	低
IOS		57%	?	45%	?	?
Android		42%	?	54%	?	?
其他		1%	?	1%	?	?
平板電腦		無	無	低	低	低
桌上型電腦		無	無	低	低	低
顯示螢幕	x	中	中	無	高	高
kiosk	x	無	無	無	無	無
管道						
網頁	x	無	無	低	無	無
App	x	高	高	低	無	無
店內	x	高	低	低	高	高
得來速	x	低	高	無	無	無
聊天室		無	無	低	無	無
訊息		無	無	無	無	無
電子郵件		無	無	低	無	無
目標						
完成儀式	x	高	高	高	無	無
使有精神	x	高	高	無	無	無
社交啜飲		低	低	無	高	高
細細品嘗	x	低	低	高	低	低

圖 12-13

在方格中標記重要屬性，以便稍後記得它們。

識別出重要功能

跟內容一樣，方格顯示出功能的需求和限制。尋找對大多數使用者有意義的功能及渴望擁有的功能之間的區別，以及使用者想如何使用該功能。如果使用者想分享資訊，他們是想用電子郵件、印刷品或推特？他們是想分享連結、圖片、描述？

識別出什麼對你的組織是重要的

最後，你的組織著眼於哪些屬性？什麼屬性是 CEO 認為重要的？無論這些屬性是否真的重要，你都需要提到它們，因為它們在大家腦海中很重要。可能你認為它們並不重要，但團隊的其他成員卻不認為如此，因此請在關鍵列中標註它們。如同其他，信任團隊成員以及他們所認為重要的事很重要。

識別出最重要的使用者群組

方格中標記出重要屬性後，拉遠以查看全體使用者，並考量哪些使用者是最重要的。當團隊知道最重要的使用者時，他們便會專注於建構該使用者想要的產品。

最重要的使用者因產品而異。有時候，最重要的使用者是最大數量的使用者。有時候，是會花最多錢的。其他時候則是最經常使用或用來做最重要事情的。有時候，最重要的使用者群組是數量最多且使用最頻繁的。

在方格上標註主要使用者（圖 12-14）。我用「主要」來描述那些團隊應該為之建構產品的使用者，用「次要」來描述其他使用者。所有團隊應明確忽略的使用者都應被標記為「否定」，而與另一使用者相似的使用者則可以被標記為「已合併」，以表明他們已與另一使用者同組。

照片						
人物誌 名字 / 稱謂	群組	Regular Joe	Suburban Sue	Coffee Chef	Casual Coffee	Worker
描述						
人物誌類型		主要	主要	否定	次要	已合併
一般						
人數	x	高	高	低	低	低
頻率	x	每天 (高)	每天 (高)	每周 (中)	每月 (低)	每月 (低)
重要性		高	高	低	中	中
影響力		中	中	中	高	高
互動率		54	54	4	6	6

圖 12-14

標註方格中的主要、次要、已合併和否定的使用者。

識別出主要設計標的

哪些使用者群組有相似的屬性？你可以在方格中看到它們，因為它們具有相似的深淺模式。你應該合併相似的使用者嗎？如果不，你可以為哪些使用者設計以滿足其類似使用者的需求？那些可以作為目標的使用者還有可支持其他使用者類型的使用者，是另一個主要設計標的。相似的使用者是次要設計標的。在方格中標註他們。

對於我們的全球咖啡公司，我們選擇 Regular Joe 和 Suburban Sue 作為主要使用者，因為它們都代表了很大一部分的客戶群（兩者的「人數」均為「高」），而且他們拜訪商店的頻率也都高於其他群體（兩者的「頻率」均為「每天 / 高」）。在我們的範例中，即便你沒有特別考慮屬性值，也可以往後靠，然後看到 Regular Joe 和 Suburban Sue 那兩列都比其他使用者列要深色。

在你識別出屬性方格所顯示較重要的使用者之後，再去識別出團隊或組織認為重要的任何使用者。你可能會認為這些早期假設不再為真，但是團隊的其他成員將需要了解，為何資料建議團隊應該為不同使用者建構產品。如果大勢所趨，你將需要在你分享這個使用者模型給更廣泛的團隊和組織時，解釋為什麼。

識別出獨特的設計標的

尋找有不同需要的使用者。這些使用者是否代表獨特的需求嗎？還是你應該要忽略它們？如果他們是要被忽略的使用者對象，請標註它們是否定的設計標的。如果不是要被忽略的，它們是主要還是次要設計標的？他們的獨特性是否表示團隊應該為他們做出特殊安排？你是否應該在之後的專案再處理它們？

設計目標確定了體驗機應關注的最有價值的使用者。時間夠長的話，所有使用者都是寶貴的，且所有產品都以令人愉悅的方式被每個人使用。但在我的經驗裡，沒有一個專案的時間夠長，那麼你的體驗機現在可以幫助誰？

完成，捕獲最重要的使用者、屬性和屬性群組

最終，你將與更廣泛的團隊和組織一起確認你的分析。你無法分享所有內容，因此請著眼於最重要的使用者和屬性。

確保你已識別出主要和次要設計標的，並在方格中標記出關鍵屬性和屬性群組。一旦你完成分析並捕獲最重要的使用者和屬性後，你已有所需的初期的使用者模型讓更大團隊去確認。

識別出使用者屬性群組以分享和檢視

藉由設計，使用者檔案方格儲存了所有可能的屬性，即使是簡單的產品和體驗也會擴展到數百個屬性。較小的小組可去分析所有屬性，較大的團隊不需要。對於較大團隊，識別出三種要檢視的屬性：

- 那些挑戰關鍵假設的屬性—與我們所想有何不同？

- 那些顯示未知需求的屬性—你學到什麼？

- 對團隊很重要的屬性—你還有在追蹤什麼？

那些挑戰關鍵假設或顯示未知需求的屬性，呈現出團隊需要去改善產品的關鍵資訊。也識別出對團隊很重要的屬性群組。即使分析沒有展現任何新內容，檢視這些屬性也有助於驗證分析是否仍正確，且表明你傾聽並理解團隊認為重要的內容。

活動 4：檢視以與較廣團隊和利害關係者建立共享願景

共享的願景不僅是目標和介面。對使用者的共同理解，幫助團隊和組織的其他成員，做出更好的產品決策並提供更好的體驗。

不幸的是，使用者分析在較小的小組中效果最好，因此請安排時間與更廣泛的團隊、及任何有必要或有影響力的外部利害關係人，分享分析成果。

制定

你將做什麼？	確認特定屬性群組的分析
結果是什麼？	一個對你使用者的共享了解
為何這是重要的？	確保使用者分析是正確的
你將如何進行？	小組一起檢視關鍵屬性

要制定檢視，請說：

> 「在較小的小組中，我們分析了關鍵的使用者屬性，以更佳了解需要和需求。我們希望與團隊的其他成員一起檢視這些屬性，以確保我們的分析是正確的，並識別出任何不精確的。我們將分組查看使用者屬性。」

促進屬性的檢視

要檢視屬性，請檢視整個屬性群組，而不僅僅是單一屬性。例如，如果團隊假設使用者將使用智慧型手機，而分析對這一假設提出了挑戰，請檢視與裝置相關的整個屬性群組（圖 12-15）。為了更好地檢視和討論用筆電取代智慧型手機，團隊需要了解使用者如何與所有裝置互動。同樣地，對於顯示未知需求的屬性，請檢視整個屬性群組以與團隊分享更多情境，所以他們才能理解和評估你的分析。

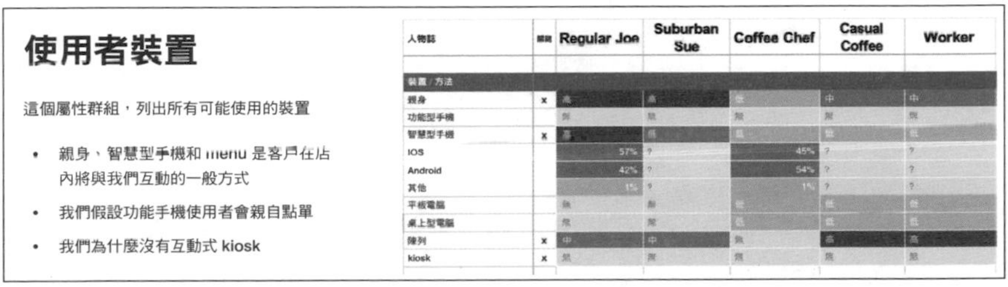

圖 12-15
如果分析挑戰了團隊對特定屬性的假設，那麼檢視整個屬性群組會很有用。

用屬性群組的描述來制定檢視

對於每個屬性群組，請從群組的描述及其所含屬性開始檢視。雖然對進行分析的較小的小組而言，群組似乎是很明顯的，但較大的小組將需要一個描述，他們才知道自己在看什麼。

報告每個屬性群組的首要結論

對於每個屬性群組，說明為何團隊要在乎它。此分析是否挑戰現有假設？顯示未知需要？分析是否證實先前的假設？請說明你想要較大型小組去評估什麼。

確認每個群組的每個屬性值

一旦團隊了解你如何將屬性分組還有要評估的內容，就可以開始討論每個屬性相對每個使用者的值。你在小型小組分析了每個屬性和使用者。與整個團隊再次分析重要屬性和使用者，以徵求其他觀點並改善使用者模型。

討論並捕獲屬性值的改變

當團隊討論屬性並識別出改變時，請直接更新方格，或先做筆記並在審核後一次性更新方格。即時更新方格較好，因每個人都可以看到你已聽取並套用了更新。

完成和重新評估主要和次要設計標的

在團隊檢視並更新重要屬性值之後，更新方格並拉遠用三個問題重新評估使用者群組：

- 相似的使用者群組依然相似嗎？

- 更新的屬性值是否創建新模式？

- 更新的屬性值是否會改變主要和次要設計標的？

在大多數情況下，使用者群組和設計標的將不會改變。但是，應著眼於它們如何更改。保持不變是最省事的。這常發生，因此請確保你保持不變是因為正確，而不是為了省事。

更新後的屬性方格將記錄並說明一個產品使用者的全面的、視覺化的模型。隨著時間推移，當團隊用新的、改善後的資料去更新方格時，請再檢視這三個問題以重新評估使用者模型。當團隊知識隨著時間累進改善，屬性方格也持續傳遞對使用者的所知。

雖然方格的視覺深、淺色捕捉了每個使用者的全面性觀點，但方格只提及使用者需求。方格追蹤你**為什麼**應該用某種方式設計產品，但是並沒有告訴你**如何**去設計。為了捕捉並分享設計指導方針和需求，把使用者模型與團隊成員和組織共享。

屬性方格是人物誌的基礎

屬性方格代表團隊對其使用者所知的所有資訊，包含重要與不重要的。如此豐富的資訊提供了豐饒的基礎，去想像將有助於使用者的新產品和功能。但是，屬性方格很難一目了然地了解使用者。這就是為什麼我們通常創建人物誌以提供整體概要。

這樣對使用者的需求、痛苦和獲益的整體概要，幫助我們去想像可滿足這些需求的新產品。然而，一旦你開始建構這些功能，不再需要知道使用者的需求。現在，你需要知道如何為該使用者建構。在這樣狀況下，人物誌應不再顯示使用者需求，而應顯示為他們建構的準則。在下一章中，我們將看到兩種情況下溝通使用者屬性的最佳方法。

[13]

寫下與分享使用者模型

一個團隊與客戶分享人物誌。在聽完簡報後，客戶問：「為什麼我們需要這個？這對我們有什麼用？」這個人物誌雖然提供了很多資訊，但是卻沒有分享任何有用的資訊。

使用者模型是使用者研究的摘要。也稱為人物誌、個人檔案或原型。使用者模型將滿牆的便利貼或無盡的屬性方格，轉換為團隊成員可理解的簡單格式，以便他們可去建構使用者需要和喜愛的產品。

大多數使用者模型會記錄像痛點、需求和目標之類的資訊（圖 13-1）。一旦記錄下來，你會用這些資訊做什麼？好吧，這取決於你在流程的哪個階段。換句話說，團隊需要做什麼，會改變你記錄你的使用者模型的方法。

Regular Joe

早晨咖啡是我開啟一天的方式

管道

手機 app

店內

使用者目標

- 在工作時感到舒服，因為我在那裡的時間很長
- 啟動我的腦以準備早晨的工作

痛點

- 早上排隊的人很多
- 推擠的人群打翻我的飲品
- 拿鐵奶泡滴到我的襯衫

每月咖啡購買

圖 13-1
使用者模型記錄使用者資訊，例如痛點、需求和目標（長臂猿由 Eric Kilby 所攝，*www.flickr.com/photos/ekilby/4877055767*）。

使用者模型將各種使用者資訊，濃縮為你的團隊可一目了然的內容。最佳的使用者模型可以在少少的空間裡傳達觀點，例如簡介或圖解資訊。不幸的是，大多數團隊中並沒有包含撰寫摘要和設計圖解資訊的人員。為了做出好的使用者模型，你必須學習如何撰寫摘要和創建資訊圖表。

你將不會在此學到如何撰寫摘要和創建資訊圖表。但是，你將學到足夠的知識，足以將正確的使用者資訊放到正確的格式上。你的團隊將創建更多以使用者為中心的產品，而你的使用者模型將幫助他們做到這一點。

為此，我們將探討組成使用者模型要包含的要素、你的團隊使用它們的不同方式，以及你溝通各種類型資訊的不同方式。

使用者模型回答四個不同問題

不同的出發點和專案會詢問有關其使用者的不同的問題（圖 13-2）。大體上，將專案想成是創新或實踐兩類。

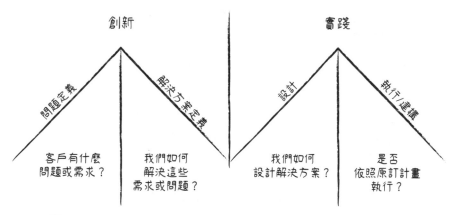

圖 13-2
在不同階段，團隊會詢問有關其使用者的不同問題

創新專案的問題

創新專案的團隊還不知道解決方案應該是什麼。因此他們無法回答實踐問題。實際上,創新專案甚至可能都不知道要解決什麼問題。創新團隊有兩大問題:

- 使用者有什麼問題或需求?我們可以為使用者做些什麼更好的?

- 我們可以用哪些方法解決這些問題?我們可以為使用者尋求什麼解決方案?

專注於創新的專案,通常會在識別出要實施的解決方案時,轉為實踐專案。

實踐專案的問題

在實踐時,團隊用兩個不同問題,將解決方案從構想變成產品:

- 我們應該如何建立解決方案?什麼設計對我們的使用者有幫助?

- 我們是否止確建構?此解決方案是否為我們的使用者做了如我們所想的?

在使用者模型上,調整你加入的資訊以適配團隊需要回答的問題。

兩種類型的使用者模型:根本原因和指導方針

如果你將專案想成是創新或實踐兩類,則你可以創建兩類使用者模型:

- 顯示你應如何創新的使用者模型
- 告訴你你應如何實踐的使用者模型

為了創新而展現根本原因的模型

在創新階段,團隊需要幫忙以了解使用者遇到什麼問題,以及產生可能解決方案的方法。此時,團隊需要能夠溝通使用者需求、痛點、目標、情境和影響力的模型。

在創新階段，團隊需要一個模型能提供要建構什麼的**根本原因**。如果使用者模型顯示，使用者需要知道咖啡館位置在哪，則那樣的需求提供給團隊一個要去解決這個問題的理由。

為了實踐而提供指導方針的模型

在實踐中，不同於根本原因，團隊需要的是關於如何建構解決方案的指導方針。不同於需要、痛點和目標，團隊更需要的是如何設計介面和溝通訊息的指導方針。根本原因告訴團隊，使用者需要一個找到商店位置的方法。而指導方針則告訴團隊，要讓商店定位易於在行動裝置上使用，因為使用者會用手機查看它們。

比較根本原因和指導方針

到目前為止，我們已將使用者屬性依任務、情境、影響者和目標拆分。當你用根本原因或指導方針分別來看這四種使用者屬性是不同的（表 13-1）。

表 13-1　根本原因和指導方針如何傳達使用者屬性，有其差異

	根本原因 要建構什麼？	指導方針 如何建構？
目標	為何使用者嘗試做這個？	
任務	使用者需要怎樣的能力？	我們應該建構什麼內容和功能？
情境	使用者何時何地需要參與？	我們如何建構內容和功能，使其合用於適當情境中？
影響力	什麼結果和偏好會影響使用者行為？	我們如何建構以提高採用率和互動率？

提供**根本原因**的使用者模型，可幫助團隊了解使用者研究和使用者需求，因此他們可識別出值得做的問題、以及解決這些問題而值得做的想法。提供**指導方針**的使用者模型，幫助團隊決定要建構的內容和功能、確定如何使其合用並改善採用率和參與度。

你團隊所需的不同類型資訊（當他們在創新或實踐階段）將改變你所創建的使用者模型類型。

使用者模型有三種樣式

搭配模型應包含的資訊類型，樣式將隨團隊如何使用模型而有變化。使用者模型以三種常見樣式出現：

- 引用式，提醒人們有關使用者的資訊
- 單頁式，記錄一位使用者
- 並列式，比較和對照多個使用者

引用式

設計流程中在許多地方會引用到使用者。當你展示線框並提到你是為特定使用者設計螢幕畫面時，你就是在引用。當你在說明接觸點時你標註使用者，當你在設計介面時你會識別出目標使用者（圖 13-3）。在上述兩個例子中，你都不是加入一個完整的使用者模型。而是提醒受眾有關使用者的資訊。

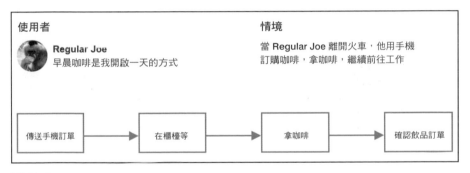

使用者　　　　　　　　　　　　　　　情境

Regular Joe　　　　　　　　　　當 Regular Joe 離開火車，他用手機
早晨咖啡是我開啟一天的方式　　　　訂購咖啡，拿咖啡，繼續前往工作

傳送手機訂單　→　在櫃檯等　→　拿咖啡　→　確認飲品訂單

圖 13-3
我們用引用來提醒團隊如何確認我們已做的某事（長臂猿由 Eric Kilby 所攝，在 Flickr 上）。

雖然使用者引用看來無足輕重，但是引用提供團隊所需的關鍵資訊可去確認我們所做的。使用者引用必須提供足夠的資訊，讓團隊得以回想使用者及相關屬性。在思考 - 製作 - 確認流程中，使用者引用提供了團隊需要去確認的關鍵資訊。

單頁式

當你想到一個人物誌時，你多半想到的是單頁。單頁用深入的、詳細的視角，記錄一個特定使用者所有相關屬性（圖 13-4）。在思考和製作時，單頁提供根本原因或指導方針給團隊成員，以便他們回答其創新或實踐問題。

圖 13-4

單頁記錄單一位使用者，可在思考和製作時幫助團隊成員（Elick Kilby 所攝的長臂猿照片，在 Flickr 上）。

單頁負有雙重責任。它們告訴受眾什麼是重要的，並在受眾需要深入時提供更多詳細資訊。

並排式

要了解不同使用者模型之間的比較，請並排顯示它們（圖 13-5）。並排式比引用能溝通更多資訊，雖較單頁式能溝通較少資訊，但能說明使用者相似或不同之處。

團隊使用並排式以幫助選擇要為那些使用者思考。並排式也能識別出每個使用者的獨特指導方針，所以團隊能去評估他們的工作。

網站人物誌

Regular Joe
每個工作天都會
買咖啡

使用者目標：

* 在工作時感到舒服，因為我在那裡的時間很長
* 啟動我的腦以準備早晨的工作

Suburban Sue
當外出跑腿的時候
會買咖啡

使用者目標：

* 面對大批採買時保持清醒
* 舒坦的、安全的、乾淨的可上廁所的地方

Casual Coffee
與朋友在
咖啡店會面

使用者目標：

* 與朋友度過愉快社交時光
* 愉快的、舒適的、兩造都方便的會面地點

圖 13-5

並排的使用者模型可說明使用者彼此間的比較（照片分別由 Eric Kilby 和 Jeremy Couture 提供〔*www.flickr.com/photos/ekilby/4877055767*，*www.flickr.com/photos/ekilby/4144806327*〕；〔*www.flickr.com/photos/jeremy-couture/5661976950*〕）。

三種溝通使用者屬性的方法

無論你是製作單頁、並排或是引用的使用者模型，都可溝通使用者屬性。你用三種方法溝通使用者屬性：

* 清單
* 二元值
* 個別數值

當你不需要或不知道值時，使用清單

有時候，你不需要去溝通某事物量有多少。如果只需要溝通某事物是否存在，則使用清單（圖 13-6）。

咖啡店活動

- 買早晨咖啡
- 買早餐
- 買下午咖啡
- 買點心
- 為了工作使用 wifi
- 為了個人用途使用 wifi
- 與朋友相聚會面

圖 13-6
你可以使用簡單的清單
去溝通屬性

例如，你可能想告訴團隊成員使用者擁有什麼設備：Galaxy S8、X-Box、iPad、BluRay 播放器等。你不需說明使用者有多少台 Xbox，只要使用者擁有一個就算數。當你不知道有多少東西時，也可以使用清單。

正面表列

使用者設備清單為正面表列的表達方式。它列出了那些存在、或要做的、或要考慮的事情。正面表列可以處理大多數你需要的清單。

負面表列

我們幾乎總是將清單想像為正面的，列出那些存在、或要做的、或要考慮的事。你其實也可以創建不存在的、或要避免事物的清單。例如，你可能會列出使用者沒有的設備：Apple Watch、Google Home 和 Apple TV。有時，思考一下不存在或要避免的事情會更有幫助。

使用二元來比對兩個屬性

二元是在單個連續體的相對兩端，顯示兩種屬性（圖 13-7）。像清單一樣，二元表明某屬性的存在。與清單不同的是，二元可顯示每個屬性的值。

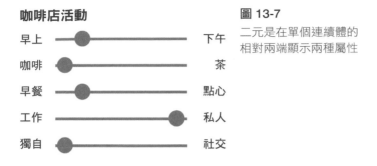

咖啡店活動

早上 ——————— 下午

咖啡 ——————— 茶

早餐 ——————— 點心

工作 ——————— 私人

獨自 ——————— 社交

圖 13-7
二元是在單個連續體的
相對兩端顯示兩種屬性

因為二元在一個連續體上顯示兩個屬性,所以它們在溝通屬性上所需的空間較其他方式少。如果你使用正確的屬性,二元能更易被理解。例如,你可能要溝通晚餐餐桌上使用的物品,並將叉子和湯匙分別放在連續體的相對兩端。很清楚可知的是,如果你叉子用較多,則湯匙用較少,反之亦然。

當屬性是相對的時候,二元很容易被理解。這樣的相對性,無論是隱含的或實際的,都清楚地表明了兩種屬性之間的區別。當你想說明使用者的某一個屬性多於另一個時,請使用二元。

當屬性明顯相反時,用二元的效果最好。如果你創建兩端分別是叉子和盤子的二元,來取代叉了和湯匙?即使研究表明確實如此(如果你用叉子較多,則盤子用較少),但這樣的連續體就不易被理解。因為使用者模型應清楚的作為團隊成員和利害關係人查看時的溝通媒介,因此請創建具有相反含義的二元。

二元可以將值隱藏在使用者屬性裡。假設你在連續體的一端顯示溫度溫暖,而在另一端顯示溫度涼爽。由於溫暖和涼爽的確代表了相反的值,因此你沒有隱藏任何資訊。但如果你創建的是一個一端顯示溫暖而另一端顯示舒適的連續體(圖 13-8)呢?是否隨著我變暖,我會較不舒適嗎?有時的確如此。測量溫暖的方式與測量舒適度的方式不同,因此將它們放置在一個連續體上是曲解且隱藏了每個屬性背後的值。有時這樣是可以的。有時候不適用。

溫暖 ——————— 舒適

圖 13-8
二元隱藏個別屬性的數值

在較小空間裡，使用個別數值來比較和對比更多使用者資料

數值顯示單一屬性的資訊（圖 13-9）。

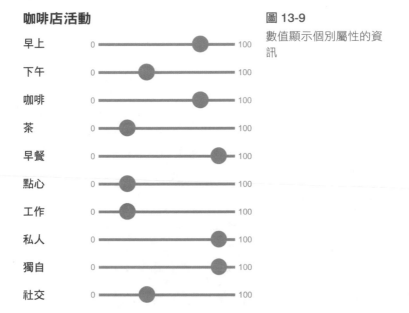

咖啡店活動

早上 0 ——————————●———— 100

下午 0 ——●———————————— 100

咖啡 0 ——————————●———— 100

茶 0 ——●———————————— 100

早餐 0 ————————————●—— 100

點心 0 ——●———————————— 100

工作 0 ——●———————————— 100

私人 0 ————————————●—— 100

獨自 0 ————————————●—— 100

社交 0 ——●———————————— 100

圖 13-9
數值顯示個別屬性的資訊

當你顯示單個屬性的數值時，就好像你將二元分成兩半，分別顯示兩個屬性，每個屬性都有其自己的數值。因為每個屬性都顯示自己的數值，所以此方法比清單或二元需要更多的空間。

同樣的，當你顯示每個屬性的數值時，也顯示更多資訊，因此較難一目了然。但是，由於你顯示每個屬性的值，因此各個數值以最精確的方式溝通使用者資料和假設。二元將兩個屬性相互對比，而個別數值會並排顯示數個屬性，以便於比較和對比。

第十二章中的屬性方格顯示每個使用者的每個屬性的值。屬性方格讓團隊使用顏色，在視覺上比較和對比屬性，以將值視覺化（像 DNA 序列一樣）。你也可以用數字、長度或大小來顯示值（圖 13-10）。

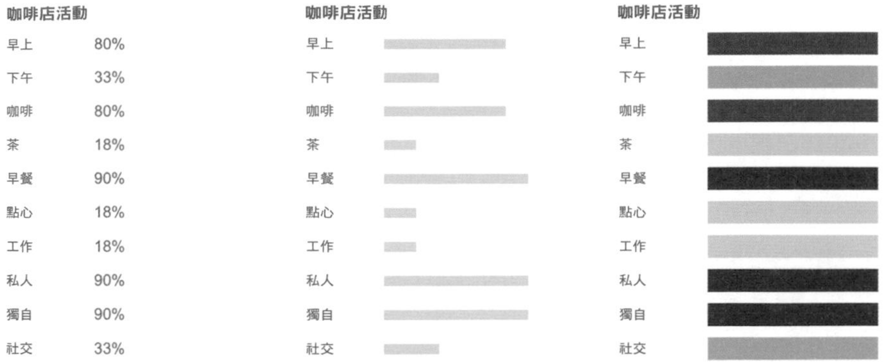
咖啡店活動
早上 80%
下午 33%
咖啡 80%
茶 18%
早餐 90%
點心 18%
工作 18%
私人 90%
獨自 90%
社交 33%
咖啡店活動
早上
下午
咖啡
茶
早餐
點心
工作
私人
獨自
社交
咖啡店活動
早上
下午
咖啡
茶
早餐
點心
工作
私人
獨自
社交

圖 13-10

你可以用顏色、數字、長度或大小來傳達屬性的值

選擇最好的方式來溝通屬性

選擇要溝通的屬性非常容易。找出最好的溝通方式比較困難。不管你選擇清單、二元還是個別數值，每種方法都有其優缺點（表 13-2）。顯示使用者屬性的最佳方法，是以最少力氣幫助你溝通所需資訊的那一種方法。

表 13-2 不同溝通使用者屬性的方法的優缺點

	清單	二元值	個別數值
易於了解	高	中	低
空間所需	低	中	高
對比屬性	無	中	高
比較屬性	無	低	高
屬性數值	無	低	高

用名字和圖像溝通使用者身分

使用者身份是使用者模型中最重要的部分。你可能會認為屬性較重要，但是如果沒有能力指出其為某使用者，則團隊無法引用其屬性。

身份要能做好兩個工作。首先，它識別出每個使用者並使其難忘。第二，令人難忘的身份幫助團隊更容易記住使用者，並幫助使用者模型擴及整個更廣的組織。

使用名字、視覺或兩者同時來傳達使用者身份。

用好名字識別使用者模型

當團隊聽到使用者的名字時，他們應該想起使用者的任務、情境、影響力和目標。

長久以來，使用者模型都會用真實姓名，如約翰·史密斯或張偉。設計師深信，具有真實姓名的人物誌可以幫助開發人員想像該人物誌為真實的人，並建造出更能滿足其需求的產品。不幸的是，很難憑一張紙了解，而且像張偉或約翰·史密斯這樣的名字無法完整地傳達使用者需求。

如果你在真實姓名加上稱謂如「人事經理，張偉」或「訂閱者，約翰·史密斯」，則可以傳達使用者的需求。有時，稱謂或角色可以幫助團隊回想起使用者的需求。

我曾看過給使用者模型用字首簡稱，以使其更容易記得，例如「訂閱者，Sam」或「訂閱者 Sam」。該名稱使模型聽起來更真實，團隊將同理並談論 Sam 需要和想要什麼。

雖然真實名字讓使用者模型變得有人性，但實名也附帶人類的歷史和偏見。誰更有可能觀看職業運動？是訂閱者 Sam 還是訂閱者 Samantha？誰更有可能辭職以撫養孩子？

所有名稱都可能帶有刻板印象和偏見。有時候，你希望團隊成員記住某個使用者是來自亞洲或為男性。相反的，如果對亞洲男性的刻板印象，導致團隊做出錯誤的、較不理想的決定，則放棄真實姓名只使用稱謂就好。將使用者模型命名為「訂閱者」，而不是「訂閱者 Sam」。

當你選擇如何命名使用者模型時，請確定團隊需要什麼，較多或較少（表 13-3）。團隊是否需要對使用者更多的同理心？刻板印象會改善或妨礙他們對使用者屬性的理解嗎？

表 13-3 不同的使用者模型命名方式的優缺點

	同理心產生	屬性溝通	刻板印象引發
名字 Sam Jones	高	低	高
名字 + 稱謂 Sam 訂閱者	中	高	中
稱謂 訂閱者	低	高	低

用好視覺識別使用者模型

使用者模型通常包含一個人的照片，以使模型看起來更真實。像名字一樣，真實的照片會引發刻板印象。

要消除使用者照片的負面影響，請使用移除偏見的插圖。正確的插圖可以隱藏年齡、性別和種族，以控制模型將引發的刻板印象。

刻板印象不一定是不好的。在一個專案中，一部分使用者在中國生活和工作，他們的行為與美國使用者大不相同。團隊經常根據有關美國行為的假設做出決策。為了解決這個問題，我們放了了大頭照片在中國使用者模型上。看到不同種族促使團隊停下來，想一想中國和美國兩造的行為有何相似和相異之處。

當然，大頭照和插圖都無法溝通太多使用者屬性。要提高視覺溝通的資訊量，請使用提示角色和行為的圖示。

視覺也可以溝通使用者情境。使用在實體位置代表使用者的照片，不用大頭照。例如，在咖啡機後面顯示咖啡館服務生的照片，而不是照片人像。像圖示一樣，包含較多意會的圖像會提供使用者做什麼和在哪裡的提示，同時也給使用者模型提供了更相關的視覺。

與名稱一樣，為你的使用者模型選擇最能滿足團隊需求的圖像
（表 13-4）。

表 13-4 不同視覺化使用者模型的方式的優缺點

	同理心產生	屬性溝通	刻板印象引發
大頭照片 [1] 	中	低	高
大頭照插圖 	低	中	中
圖示 	低	中	低
情境照片 [2] 	高	高	高
情境插圖 	中	高	中

---

1 Gibbon photo by Eric Kilby, *www.flickr.com/photos/ekilby/4877055767*.
2 Gibbon photo by Cazz, *www.flickr.com/photos/cazzjj/15716471788*.

基於受眾改變名字和視覺

沒有規則要求你必須以相同方式向所有人溝通使用者模型。根據你的受眾改變你引用使用者的方式（圖 13-11）。例如，對高階管理的簡報，你可以用有情境的照片以提供更多資訊。而面對你的團隊，你可能使用一個圖示即可，因為他們已內化很多資訊。每次引用使用者時，與受眾進行溝通比一致性更重要。

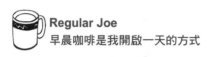

Regular Joe
早晨咖啡是我開啟一天的方式

Regular Joe
每個工作天都會買咖啡

圖 13-11
根據受眾需要理解的內容，改變引用使用者模型的方式（Elick Kilby 的長臂猿照片，來自 Flickr）。

另外五件要加入使用者模型的事

不要限制使用者模型為屬性清單。加入任何可為團隊提供做出產品決策的資訊的其他細節。

說明使用者的關係

在某些情況下，產品的成功較少取決於單一使用者，而更多取決於群組。在許多商業環境中，一個人選擇產品，另一個人核准該選擇，然後其他人開支票。家庭中關於汽車、家具或家用電器等昂貴的家庭用品就是依循類似的模式。一位成人建議選項，另一位否決或核准。

用屬性或繪出使用者網路來說明關係，以使關係清楚呈現（圖 13-12）。知道使用者與誰交談或一起工作是否就足夠了呢？或團隊需要看到各個使用者之所以連結的方式？

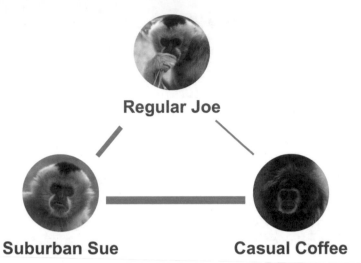

Regular Joe

Suburban Sue　　　　　**Casual Coffee**

圖 13-12

對於關係會影響體驗的產品，請在使用者模型中說明使用者關係（由 Eric Kilby 和 Jeremy Couture 所攝，在 Flickr 上）。

顯示使用者在使用者生命週期之所處

如果你按使用者在使用者生命週期中的所處位置對其進行細分，這對說明使用者模型如何與其他使用者相關可能很有用（圖 13-13）。你可能分別做出潛在使用者、新使用者、既定使用者和失效使用者的模型。

使用者生命週期

偶爾訪客　　　不定期訪客　　　定期訪客

圖 13-13

顯示模型在使用者生命週期中的位置

顯示使用者在產品生命週期之所在

某些產品在其生命週期中移動會觸及許多使用者，因此你可以標示出何時和何處使用者與產品或流程互動。例如，你可以展示不同使用者何時與一袋咖啡互動（圖 13-14）。服務藍圖顯示了幾個員工如何與服務及其使用者互動。

使用者在咖啡生命週期中所處位置

| 咖啡
被烘培 | 咖啡
被配送 | 咖啡
被購買 | 咖啡
被麼 | 咖啡
被啜飲 | 咖啡
被分享 |

圖 13-14

對於某些產品，顯示何時和何處使用者與產品互動

加度量到使用者模型上

將現有度量加到使用者模型上，以幫助團隊更加了解每個使用者。例如，如果你依照潛在使用者、最近使用者和回訪使用者，對使用者進行分類，你可能有每個群組的分析。你可能知道各使用者群組中的總訪問者百分比、每次訪問平均螢幕畫面或平均買多少。加上這些度量讓使用者模型與實際資料連結。

並排展示多個使用者

當我們思考人物誌和使用者模型時，我們會想像一個頁面告知我們單一使用者資訊，其中包含大頭照、簡明的引述和抽象圖表。單頁式（因為它可以將單個人物誌壓縮在「一頁」紙上）是最常用在記錄和分享使用者模型的格式，但是最無效的。如果產品有多種類型的使用者，則單頁式的效果不如並排式的。

對於具有多個使用者模型的專案，團隊需要了解這些使用者之間的比較。當你並排記錄多個使用者模型時，你的團隊將看到產品決策如何幫助或阻礙各個使用者。你的團隊可以看到其產品決策的影響。

用兩種方式並排顯示使用者模型：

- 欄可溝通的資訊較少，有利於指導方針或研究概述

- 方格可溝通的資訊較多，有利於研究細節

為你的團隊，選擇最佳格式以借助你所需的優勢。並排應較易於瀏覽，因此團隊成員可以快速了解呈現的資訊並找到所需的資訊。清楚地標記每個使用者身份，並將列和行分成單獨的資訊區塊。

用列來分享設計指導方針和研究概況

將多個模型依列或行彼此並排放置，以向團隊提供重要使用者的概況（圖 13-15）。列出重要的設計目標或強調你**不**會為其設計的使用者。

當我與利害關係者一起審查使用者模型時，我通常會展示我們將要為其設計的使用者清單，以及我們認定為非目標使用者的另一個清單。知道你不為誰設計，與知道要為誰設計一樣有用。

網站人物誌

Regular Joe
每個工作天都會
買咖啡

使用者目標：
- 在工作時感到舒服，因為我在那裡的時間很長
- 啟動我的腦以準備早晨的工作

Suburban Sue
當外出跑腿的時候
會買咖啡

使用者目標：
- 面對大批採買時保持清醒
- 舒坦的、安全的、乾淨的可上廁所的地方

Casual Coffee
與朋友在
咖啡店會面

使用者目標：
- 與朋友度過愉快社交時光
- 愉快的、舒適的、兩造都方便的會面地點

圖 13-15
使用列來列出使用者並提供他們的概況（Elick Kilby 和 Jeremy Couture 的照片，在 Flickr 上）。

列的格式可以溝通有關*如何*建構的指導方針（圖 13-16）。為每個使用者放上簡要的目標、內容和互動提示。你可能會注意到某個使用者總是在使用他們的手機，而小孩經常不停地打斷其他使用者。選擇可提供大量資訊的小細節，以幫助團隊開發更有用的產品。

互動指導方針

Regular Joe
每個工作天都會
買咖啡

設計指導方針：

* 記得 Joe，因為他每天都在
* 最適化行動數位介面

Suburban Sue
當外出跑腿的時候
會買咖啡

設計指導方針：

* 讓設施乾淨、易找到
* 用行動地圖 app 使得易找到

Casual Coffee
與朋友在
咖啡店會面

設計指導方針：

* 用行動地圖 app 使得易找到
* 減少選項，讓成份清楚

圖 13-16

用列的排版在分享概念的設計指導方針也很好（Eric Kilby 和 Jeremy Couture 的照片，位於 Flickr 上）。

列的排版輕鬆不嚴謹看起來較舒適，溝通較少的設計資訊。如果需要顯示更多資訊，請使用方格。

用方格來分享研究細節和指導方針

像列排版一樣，方格在一頁或螢幕畫面上並排放置了多個使用者模型。但是，列排版使用留白來分隔資訊，而方格捨棄留白而轉用格線，因此可以將更多的資訊壓縮到更少的空間中（圖 13-17）。

管道			
網頁	無	無	低	無
App	高	高	低	無
店內	高	低	低	高
得來速	低	高	無	無
聊天室	無	無	低	無
訊息	無	無	無	無
電子郵件	無	無	低	無
目標				
完成儀式	高	高	高	無
使有精神	高	高	無	無
社交啜飲	低	低	無	高
細細品嘗	低	低	高	低
任務 / 工作				
研究咖啡	無	無	高	無
買咖啡	低	低	中	無
找一間店	中	中	無	中
嘗試咖啡	無	無	低	無
工作	低	無	無	低
使用 wifi	低	無	無	低
與朋友會面	無	無	無	中
休息	低	無	無	低
內容和功能				
咖啡描述	低	低	中	無
飲品描述	中	中	無	高
預訂	高	低	無	無
Menu	低	低	無	高

圖 13-17

方格將列的空白換成格線，因此你可以將更多資訊壓縮到更少的空間中

壓縮使方格較難以閱讀，需要花時間解讀無法一覽即知。然而，像並排格式一樣，方格允許團隊查看和比較多個使用者模型。儘管列和方格將多個使用者模型壓縮到一個螢幕畫面或頁面中，但是空間限制了你可以包含的資訊量。要溝通更多有關一位使用者的資訊，請創建一個單頁式的。

用文件目的作為並排的標題

給並排一個標題，以說明為什麼某人應該查看此文件。是因為這個產品將以這五個使用者模型為目標嗎？這是針對每個使用者模型設計指導方針的集合嗎？還是精選出的研究亮點？

一般來說，會將並排搭配兩種類型的使用者模型之一（第 193 頁）或使用者模型回答的四個問題之一（第 192 頁）。

用使用者身份來標記每個列或行

根據受眾和需求，用使用者身份作為每一列或每一行的標題。使用適當的名字和視覺來區分每個使用者，以溝通他們是誰。不用害怕根據受眾或你的目標，去更改名稱或視覺。一直以來，良好的溝通更重於一致性。

選擇適配文件目標的內容

由於空間限制，並排只包含兩到三個內容區塊。選擇最能滿足你目標的內容。

不用擔心空間不足。要顯示更多資訊，請創建另一個並排。例如，你可能從一個並排開始顯示使用者目標、需求和設計指導方針，標題為「使用者需求和設計指導方針」。

當創建前述的並排時，你決定你想放入有關使用者情境和旅程的資訊。背景和旅程無法同時顯示在前述頁面上，因此請創建兩個頁面。其中一頁是目標、需求和旅程，搭配新標題「使用者目標和需求」下，另一頁則是背景和設計指導方針，搭配新標題「設計指導方針」。

客製內容排版

對於每個內容類組，以最能清楚溝通的方式客製其排版。使用清單、二元、個別值、資料視覺化和文字來說明要點。每個內容類組都應回答標題提出的問題。

用單頁式著眼於單一使用者

如果你有較多的資訊無法放入並排格式，或者你需要分享更多有關某位使用者的詳細資訊，請建立一個易讀的、單一頁面的：單頁。使用單頁來呈現使用者資料和屬性，或說明特定使用者的詳細設計指導方針（圖 13-18）。

圖 13-18
單頁的排版和內容將一直隨專案、團隊和使用者模型而變化（Elick Kilby 的長臂猿照片，在 Flickr 上）

著眼於研究或準則，擇其一

過去，我在同一單頁上將研究結果和屬性與設計指導方針相結合。但是，我認為這是一個錯誤。想要研究結果的受眾想知道他們應該建構什麼。而想要設計指導方針的人則想知道要如何建構。他們極少想同時知道要建構什麼和如何建構。如果同一個人希望同時看到兩者，請提供多個文件給他們。

用各種名字和圖像來識別出使用者

單頁提供了更多空間可放更多資訊。放大名字和意象以識別出使用者。名字、角色、引述、頭像、圖示、背景圖示和顏色可確保不管是誰看到該單頁，他們都將知道它指的是哪位使用者。

讓最重要的資訊最突顯

大多數的網站首頁具有相似架構。大型主角佔據螢幕畫面上方，而下方排列著三到四個內容區塊。海報、手冊和 PowerPoint 投影片也用類似排版，因為它先突顯出最重要的資訊，然後再提供可點入的補充資訊。

在單頁也使用同樣的模式。識別出最重要的屬性群組或最重要的準則群組。在設計時強調這些內容並將其放在突顯位置。

哪些資訊較重要或較不重要，取決於你的團隊和組織。像任何優先順序排列一樣，問自己，要取得成功，最需要知道的一件事是什麼？或者，要避免失敗，必須知道的一件事是什麼？每個專案、團隊和組織都有那一件事。

加入補充資訊

使用單頁剩下的空間傳達三到四個其他資訊。在每個使用者資訊中，補充資訊應包括團隊需要了解的次重要資訊。

客製要顯示的內容

與並排一樣，客製要顯示的內容以最佳地溝通內容。使用清單、二元、個別數值、資料視覺化和文字來說明要點。

用其他方式分享使用者模型

單頁和並排出現在當一組人進行研究、細分使用者模型成為文件移交給另一組人的時候。當然，你也可能永遠不用這樣做，在穀倉裡，像一些異教徒那樣。

團隊運用使用者模型的三種方式：

- 團隊在討論介面和旅程時會參考使用者模型。

- 他們吸收使用者模型以決定要建造什麼。

- 他們參考使用者模型來做出如何建構產品的決定。

你可以實現這些目標，並以單頁和並排以外的方式分享使用者模型。

標籤貼紙使易於參考

如果團隊用紙進行大量草圖繪製，標籤貼紙可輕易在草圖上標識出使用者。草繪介面？紙上原型？用標籤貼紙標識出主要使用者。用可黏式標籤紙列印出標籤貼紙。

海報讓使用者模型清楚可見

如果團隊在同一地點工作，則將單頁和並排轉成海報。其排版和內容原則與原本的相同。因海報空間相對較大，你可以把東西放大。隨時可見的模型讓團隊在工作時可以瀏覽並檢查設計指導方針或研究結果。

可隨時拿出口袋的參考卡片

與海報相反，卡片讓使用者模型可隨時攜帶且易於引用。可以將它們想成是棒球卡或神奇寶貝卡，但若團隊要參考使用者統計資訊和設計指導方針就不能這樣用。

線上主頁讓每個人都可看到使用者模型

雖然線上工具無法放到口袋裡，但團隊成員可以隨時隨地訪問它們。如果你的團隊使用 Jira 或 Azure DevOps 之類的線上工具來管理使用者故事並追蹤任務，請將使用者模型發佈到同一系統中以方便參考。

如果你無法在同一系統發佈使用者模型，請將其加入其他開發人員文件中，或將其發佈到每個人都可以訪問的位址（例如線上文件庫或如 Mural 或 InVision 這樣的設計工具）。

放在哪裡不重要，重要的是容不容易被團隊記得、連結到和查看到其使用者。若團隊成員可以編輯和更新模型就更好了。沒有什麼是不可改變的。當團隊的理解有變化，團隊就應該把這樣的變化更新到你的使用者模型中。

每次審核，將使用者模型加入投影片中

Jessica Harllee 建議把使用者模型作為你投影片的一部分。這樣一來，當你要準備審核時，使用者模型因也包含在內，也連帶可一起被審核。

用你將檢視的格式來製作使用者模型

毫無疑問，任何人都可以找到比無用功更有價值的事，因此請限制你的虛功。讓你的使用者模型格式跟之後要用來與團隊或其他利害關係人確認的格式一樣。也讓單頁和並排看起來像 PowerPoint 投影片。

這並不意味著你應該迴避其他方法。沒有理由說你不能用海報、Wiki 或其他格式來確認。像我的團隊用方格跟利害關係人一起核對使用者屬性。如果團隊可以用龐大的試算表來確認使用者模型，那麼其他格式也一定可行。

你的目標是檢視你製作的模型，而不是製作出模型後又製作另一個用來檢查的版本。這並不表示你在確認使用者模型時沒有額外工作，而是盡可能限制額外的工作量，用相同格式來創建你將檢視和使用的使用者模型。

使用者模型是功能強大的參考工具

漂亮的人物誌看起來很簡單。事實上，它們最終集結了一連串關鍵決定，其關於誰將消費的資訊以及為什麼他們需要它。以正確的方式回答這些問題，並記錄適當的使用者模型，以創建有用的、功能強大的工具，讓你的團隊和組織在做產品決策時可以一再地參考。

現在，你已經將使用者屬性和分析濃縮到易於瀏覽和閱讀的文件中，是時候將它們付諸實踐並了解每個使用者的旅程了。

[*IV*]

互動

互動

你的組織所創建的體驗可能存在於單個產品中，但是使用者會隨著時間擴展這些體驗。好的產品在使用者需要的時候用他們所需的方式出現。互動即說明使用者如何隨時間與產品互動。

此部分從概念和細節（任務層次）兩方面探索互動，因此你可以與團隊和客戶一起思考 - 製作 - 確認互動。

[14]

互動的要素

大多數情況下,團隊會展示介面。他們會指著草圖、線框和原型,描述使用者**看**到或**做**什麼。使用者看到什麼,他們就做什麼。使用者與介面進行互動。看到某些東西。做某些東西。

互動模型離開介面本身,去畫出使用者看到什麼和做什麼。互動模型捕捉使用者如何隨時間與介面進行互動。由於互動模型可以顯示出使用者所看到的和他們在一段時間內所做的,因此互動模型回答了三個問題:

- 互動的各個部分是什麼?

- 各個部分如何彼此相互影響?

- 我們如何將使用者從一個部分移動到另一部分?

互動模型將時間凍結,因此你可以從任一角度檢查個別情境故事,並了解使用者如何在一個情境故事移動到另一個。凍結時間可幫助你的團隊了解專案的完整範圍。互動模型也讓你能識別出體驗中最有價值的區域,並顯示出可創造最大價值的切換點。

在本章中,我們將分解互動模型並了解它們的組成。你的團隊將使用互動模型來建構更好的體驗,而你將幫助他們。

三種互動模型的類型

互動模型有多種樣式(圖 14-1):

- 情境故事

- 使用案例

- 使用者流程

- 任務流程

- 螢幕畫面流程

- 故事板

- 原型

- 服務藍圖

- 使用者旅程

- 體驗圖

團隊用不同的方式來創建互動模型。在各種案例，都說明隨著時間使用者如何與一個或多個介面進行互動。當他們展示使用者如何在系統中移動時，每種模型都會溝通或多或少的資訊，並專注於互動的不同部分。例如，情境故事用文字描述使用者在做什麼。服務藍圖則記錄組織所做的一切。

雖然互動模型具有多種樣式，但你可以大致將它們分為接觸點、旅程和體驗三類：

- 接觸點，使用者在單一接觸點時在做什麼

- 旅程，單一系統內的多個接觸點

- 體驗圖，一個系統的內部和外部或跨系統的多個接觸點

接觸點，最簡單的互動模型

接觸點代表你的組織和你的使用者彼此「接觸」的那個時間點。確實就如字面上的意義。這個最簡單的互動模型樣式，列出一位使用者在單個接觸點期間所完成的任務。我們可以使用流程圖來顯示在單個接觸點期間發生了什麼（圖 14-1）。使用者訪問商店、點咖啡、然後拿走咖啡。當我們知道使用者進入咖啡店時採取哪些步驟時，我們可以設計出更好的互動方式。

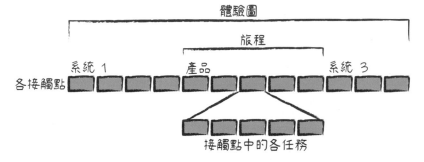

圖 14-1

接觸點、旅程和體驗圖，像套娃娃一樣組合在一起

體驗圖，最複雜的互動模型

最複雜的互動模型列出一位使用者在跨系統上所體驗的事物。我們稱其為「體驗圖」，因為它可畫出使用者對某一*事物*的整體體驗（再次參見圖 14-1）。使用者第一次喝咖啡是在大學時，在 20 多歲時喝咖啡作為一種社交方式，當有第一個孩子後咖啡成為每天早晨的例行事項，隨著年齡增長咖啡仍持續為一日常事項。當我們知道使用者的一生如何去體驗咖啡時，我們就可以在各個階段尋找更好的方式來支持使用者的咖啡習慣。

使用者旅程，中型的互動模型

在接觸點和體驗圖之間存在著我們所說的使用者旅程，因為它畫出特定使用者在你組織的*旅程*（圖 14-1）。使用者到商店去購買咖啡，看到會員卡的廣告。使用者用網站加值會員卡。使用者將會員卡加入行動 app，並使用此會員 app 先訂購咖啡再提貨。使用者旅程展示了使用者如何與我們全球咖啡公司的不同產品互動，因此我們可以尋找方法來改善產品如何來與使用者協作。

一個體驗圖應包含多個使用者旅程，而一個使用者旅程則包含多個接觸點。

接觸點的四個建構基礎

每個接觸點代表著一個你的組織和你的使用者互動的事件。「在商店購買咖啡」代表一個接觸點。使用者接觸你以購買咖啡。你接觸使用者以售出咖啡。你們相聚用錢換咖啡。「從網站上購買咖啡」是另一個接觸點。「在網站上註冊會員計劃」又是另一個接觸點。

所有接觸點都從一個情境故事開始。

情境故事，你講述的故事

情境故事是互動模型所講述的一個故事的一個花哨用詞。以使用者在店內如何買咖啡的情境故事看起來像這樣：

> 使用者進入咖啡店、瀏覽 menu 以選擇飲品。他們移動到櫃檯進行點單並付款，然後再到櫃檯另一頭等待飲品。當飲品準備好時，使用者從咖啡館服務生手上接過飲品。

就像介面隱藏著關於使用者及其行為的假設一樣，情境故事也隱藏著某些東西。每個情境故事都講述著一個故事，而每一個故事都有角色和設定。產品團隊將使用者視為角色，而管道告訴我們要把故事要設定在哪裡。

使用者，我們故事中的角色

即使情境故事中沒有提到特定使用者，它也假設有一個。雖然情境故事已將使用者隱含在故事中，但將它們分開是很有用的。

如果你有一個以上的使用者，則最好指定使用者是誰，不要用「使用者」通稱。你不僅要為一個使用者講多個故事，還要為不同使用者用不同的方式講同一個故事。

正如我們從較具體的故事中可學到較多，在思考特定使用者時我們也學到更多。這個故事是關於 Coffee Chef 如何購買咖啡嗎？Regular Joe？還是 Casual Coffee？買咖啡這個情境故事會依照不同使用者模型而改變（表 14-1）。

表 14-1 比較不同使用者如何完成相同的情境故事

使用者	情境故事：購買咖啡
一般使用者	一般使用者進入咖啡店並瀏覽 menu 選擇他們的飲品。他們走到櫃檯進行點單並付款，然後移至櫃檯另一頭等待他們的飲品。當飲品準備好時，一般使用者從咖啡館服務生手上接過飲品。
Coffee Chef	Coffee Chef 進入咖啡店，並瀏覽每日看板、看今天有煮什麼咖啡。他們走到櫃檯進行點單並付款，然後移至櫃檯另一頭等待他們的飲品。當飲品準備好時，他們從咖啡館服務生手上接過飲品。
Regular Joe	Regular Joe 進入咖啡店，走到櫃檯邊進行點單並付款。咖啡館服務生認出他們即輸入其平常的點單。Regular Joe 移至櫃檯另一頭等待他們的飲品。當飲品準備好時，他們從咖啡館服務生手上接過飲品。
Casual Coffee	Casual Coffee 進入咖啡店並研究 menu。他們走到櫃檯前，詢問推薦品項，然後進行點單並付款。移至櫃檯另一頭等待他們的飲品。當飲品準備好時，他們從咖啡館服務生手上接過飲品。

至少，每個互動模型都應指定一個情境故事和一個使用者。檢驗不同使用者如何做相同的情境故事，以幫助你的團隊為每位使用者（或僅一位使用者）作出更好地購買咖啡體驗。

管道，我們故事的設定

管道是指故事發生在哪裡。與使用者一樣，將管道從故事裡分開是很有用的。每個接觸點都有一個情境故事和一個管道（表 14-2）。

表 14-2　接觸點情境故事和管道的樣本

情境故事	管道
購買咖啡	商店內
購買咖啡	網站上
註冊忠誠計畫	網站上
註冊忠誠計畫	商店內

將情境故事與管道分開，可以讓我們思考如何為每個管道設計一個情境故事。當你在網站上購買咖啡，與在商店中購買咖啡相比有何不同？

將情境故事與管道分開，可以幫助團隊了解並選擇什麼管道應能執行。我們需要在網站上執行什麼情境故事？我們又需要在商店內執行什麼情境故事？

任務，將接觸點分解成片段

從情境故事分離出使用者和管道可以幫助你思考，不同的使用者和不同的管道可能需要不同的設計。但是，如果我們想要細化，我們要將故事分解為許多任務。

舉例來說，要畫一位使用者如何購買咖啡（圖 14-2），我們列出使用者所做的事：

- 選擇咖啡
- 點咖啡
- 支付咖啡
- 等待咖啡
- 拿咖啡

選擇	點	支付	等待	拿
咖啡	咖啡	咖啡	咖啡	咖啡

圖 14-2
將情境故事拆分為步驟或任務清單，以優化使用者體驗

這個清單顯示當使用者購買咖啡時，他們完成的許多**任務**。我們稱此為一個**任務**流程。最重要的是，它繪製了你和使用者相互**接觸**的單個點（即單個接觸點）上發生了什麼事。

所有這些情境故事、使用者、管道和任務讓團隊了解一個接觸點，因此他們可以看到所涉及的部分，尋找改善體驗的地方，以及發掘觸及使用者的新方法。

雖然接觸點型塑了互動模型的一個基礎方塊，但你可以加更多接觸點或更多有關每個接觸點的資訊，以創建出更複雜的互動模型，像是旅程和體驗圖。

長度、深度和看的角度

三個觀點描述出互動模型要包含的內容：

長度

　　你一次顯示多少個接觸點？

深度

　　每個接觸點你要顯示多少相關資訊？

看的角度

　　你從誰的角度講這個故事？

長度、深度和觀點，如槓桿般可調整互動模型可以回答的問題。

長度，你一次顯示多少個接觸點？

對於「購買咖啡」（圖 14-2），我們畫出一個接觸點（Regular Joe 在商店內購買咖啡）的許多任務。這資訊足夠你了解並優化 Regular Joe 在咖啡店內的體驗。

當 Regular Joe 想要咖啡因時，他也可以使用行動 app 找到最近的商店。那就是另一個接觸點了。如果我們想了解 Regular Joe 如何從一個接觸點移動到另一個接觸點（從行動 app 到咖啡店），我們可以畫出兩個接觸點而不是一個（圖 14-3）。

接觸點 1: 行動 APP

打開	尋找	選擇	得到
APP	位置	位置	方向

接觸點 2: 咖啡店

選擇	點	支付	等待	拿起
咖啡	咖啡	咖啡	咖啡	咖啡

圖 14-3
有更多接觸點的互動模型長度較長

當你增加互動模型額外長度時，你會發現更多可以優化的轉換點。

深度，每個接觸點你要顯示多少相關資訊？

對於「購買咖啡」（圖 14-2），我們列出了 Regular Joe 在商店購買咖啡所採用的步驟。這些步驟可幫助我們改善 Joe 的咖啡購買體驗。我們也可以畫其他資訊。

如果我們想找到最讓 Joe 沮喪的地方，該怎麼做？我們可以注意 Joe 在每個步驟中是高興還是有不快。如果我們想確保我們有做出對的指標給 Joe，該怎麼做？在每個步驟中，我們要記錄下 Joe 會看到什麼（圖 14-4）。

當我們加更多資訊在互動模型上時，我們就是加了更多深度。

看 MENU	看咖啡館 服務生	看 全店內部	看正在 製作的飲品	看 飲品
選擇 咖啡	點 咖啡	支付 咖啡	等待 咖啡	拿起 咖啡

圖 14-4

有更多資訊的互動模型有更多深度

看的角度,誰或什麼是主角?

看的角度指的是你如何看此互動。大多數模型是從某一個使用者的
觀點來看此互動。但並不一定要採用這種方式。要了解幾個人如何
一起運作,請創建多於一個人的互動模型。例如,你可以同時畫出
Regular Joe 和咖啡店員工的互動模型(圖 14-5)。

小紅帽	Red looks for coffee shop	Red finds directions	Red goes to coffee shop	Red enters coffee shop	Red orders coffee		Red leaves for Grand-ma's house	Red stops at florist	Red meets wolf	Red continues on to grandma's		Red gives grandma coffee	Red kills grandma
野狼								Wolf meets Red	Wolf goes to grandmas	Wolf takes grandmas place	Wolf doesn't like coffee		
咖啡館服務生				Barista greets Red	Barista takes order	Barista prepares coffee							

圖 14-5

我們可以從單個使用者或多個使用者的觀點來看互動

你還可以從事物的觀點來畫出互動。從咖啡豆的觀點建構互動模
型,以確保 Regular Joe 能獲得滑口、易飲用的咖啡(圖 14-6)。我
曾繪製過重型機械、床墊、石油和沙發的互動,每個互動都顯示出
使用者及其需求如何隨時間變化。

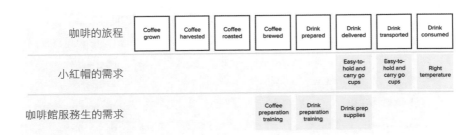

咖啡的旅程	Coffee grown	Coffee harvested	Coffee roasted	Coffee brewed	Drink prepared	Drink delivered	Drink transported	Drink consumed
小紅帽的需求						Easy-to-hold and carry go cups	Easy-to-hold and carry go cups	Right temperature
咖啡館服務生的需求			Coffee preparation training	Drink preparation training	Drink prep supplies			

圖 14-6

我們可以從事物的觀點來看互動

隨著互動模型變得越複雜，其他組織一起加入會很有用。

階段和關鍵時刻

當你加入更多接觸點而擴展互動模型長度時，你可能會注意到接觸點會集結成階段，使用者會在這些階段裡做相似類型的事。例如，如果你要畫出 Regular Joe 如何找到當地咖啡店並購買咖啡，你可能要將接觸點集結分為兩階段：一個階段是找到商店，第二階段是購買咖啡（圖 14-7）。

圖 14-7
具有多個接觸點的互動模型有時可以分成多個階段

階段，表示不同類型的任務

對於每個階段，Regular Joe 會做不同類型的活動。找商店時，Regular Joe 最關心的是他被定位的位置和怎麼去。一旦他到達商店後，他最關心的是點咖啡。

當你識別出使用者的活動類型時，你將知道在每個階段如何去優化體驗。當 Regular Joe 要找商店時，請優化定位導航。當他想購買咖啡時，請優化選擇和訂購。

轉換，表示使用者從一個階段移到另一個階段

當你增加階段時，每個階段都要以關鍵接觸點結尾，該關鍵接觸點標記出使用者何時從所在的階段轉移到另一個階段。例如，如果 Coffee Chef 想要新的咖啡感受，他們可能會從研究開始，先去了解氣候和咖啡豆，並閱讀品嚐評論。但是，在某個時間點，Coffee Chef 停止研究並決定購買。這個購買的決定讓 Coffee Chef 進入到一個新階段。

Coffee Chef 結束研究並選擇新品嘗感受的這個接觸點,是活動類型從研究變成購買的地方。因此 Coffee Chef 不會考量如何選擇合適的咖啡,而是考量如何付款。Coffee Chef 選擇下一個咖啡品嘗的這個時間點,是互動的關鍵步驟,標誌出他們從研究階段轉換到購買階段。這個步驟如果沒做好,Coffee Chef 就不會進入購買階段。

關鍵時刻

有些人將關鍵的轉換接觸點稱為關鍵時刻。我不喜歡這個說法。對組織而言這確實是關鍵時刻,但我們正思考使用者體驗。最好將它們想成是轉換,而你的團隊專注於幫助使用者進行轉換。

現在或未來,往前看與往回看

有時候團隊會建立互動模型以識別當前產品中的問題點。在這種案例,互動模型可以說明當前存在的系統。畫出現在的體驗,團隊可以一目了然看到所有運轉中的部分,因此他們可以優化如何協作並幫助使用者。

創建新系統的團隊會想了解所有部分將如何組合在一起。在創建新系統時,團隊希望建立一個將會有的互動模型。這個對「未來」的理解,幫助他們了解之後要建構什麼,並突顯出體驗中將需要特別注意的最重要部分。

調適互動模型至專案和團隊所需

在互動模型中,你要如何調整長度、深度和看的角度沒有限制。根據你的專案類型,互動模型回答不同的問題。對於團隊已有解決方案的專案,互動模型向團隊展示了要建構什麼,以及他們應該如何建構它。對於尚未選擇解決方案或尚未識別出要解決問題的團隊,互動模型可以揭示潛在的問題,並為團隊提供一個框架來產生和評估可能解決方案(圖 14-8)。

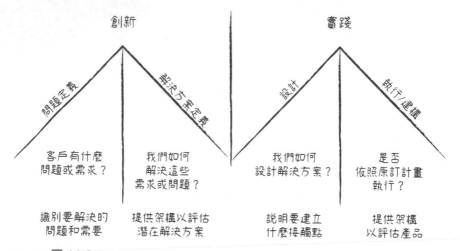

創新　　　　　　　　　　　實踐

問題定義　　解決方案定義　　　設計　　　執行/建構

客戶有什麼
問題或需求？

我們如何
解決這些
需求或問題？

我們如何
設計解決方案？

是否
依照原訂計畫
執行？

識別要解決的
問題和需要

提供架構以評估
潛在解決方案

說明要建立
什麼接觸點

提供架構
以評估產品

圖 14-8
根據專案所在階段，互動模型提供不同的好處

沒有**恰好**的一個任務流程、旅程或體驗圖。而是你將去創建**像**流
程、旅程或體驗圖這樣的互動模型。你放入互動模型中的內容將決
定它屬於哪個，且就像使用者和介面模型一樣，放入可回答你的團
隊想要探索的問題的內容。

在接下來的三個章節中，我們將一一介紹如何使用互動模型，來識
別新產品和服務、揭示體驗的優化和改善，並支持產品開發。

[15]

用接觸點圖識別出
要建立什麼

當你不知道使用者將如何使用產品時，就很難做出易於使用的產品。你的團隊在建構功能時並不完全了解這些功能一起運作時的狀況。當你有想到使用者如何完成個別任務時，你就可以幫助團隊精心安排出更好的產品體驗。

在本章中，我們將繪出使用者如何通過一系列任務，以便你的團隊可以建構更易於使用、更令人滿意並且可以更好轉換的接觸點。你可畫一個接觸點內的任務，作為你衝刺計劃或正式產品探索活動的一部分。這個活動有助於澄清有關改善產品流程的討論。

接觸點圖是如何運作的

在團隊畫出互動的相應任務之前，請先停下並訂出故事、使用者和管道。讓每個人都同意一致該故事，再產出並完善任務及其順序（圖 15-1）：

1. 共同進行，團隊進行討論並在故事、使用者和管道上取得一致。

2. 團隊產出完成故事所需的任務。

3. 團隊完善任務、任務順序並移到其他互動。

4. 團隊探索任務流以了解相關資訊，像是資料、流程、內容、分析和介面。

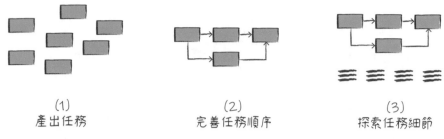

接觸點圖

(1)
產出任務

(2)
完善任務順序

(3)
探索任務細節

圖 15-1
首先確定故事、使用者和管道，然後產出並完善故事所需的任務

在活動結束時，團隊將產生兩個具體成果：

- 使用者如何從一項任務移到另一項任務的圖
- 其他詳細資訊和需求的清單

何時要畫使用者的任務流程

在畫介面草圖之前畫出任務流程，例如在正式產品探索期間。任務流程會將使用者故事分解成離散要素，其有助於待辦事項的梳理和衝刺計劃。

非正式任務流程最常發生在團隊討論特定的介面，而團隊退一步以審視全局時。

輸入和快速啟動

本練習假定一個團隊正從事一個產品或服務，並且需要一個包含特定使用者和管道的使用者故事。如果你運用使用者檔案畫布來探索使用者屬性（第十一章），那麼你將擁有豐富故事作為起頭。

為了創新新產品和介面，抽象地畫出任務流程：一個一般「使用者」在某管道做某事（圖 15-2）。即使在這樣的情況下，你也已假設使用者將是誰。

你將使用的素材

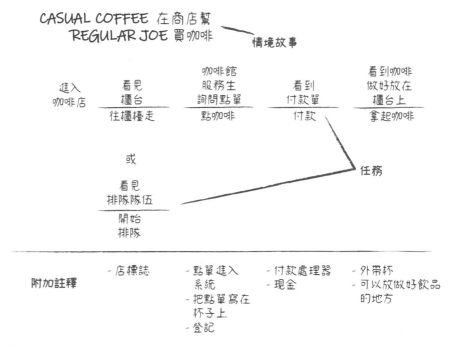

圖 15-2

任務流包含兩個主要部分：情境故事和任務。進一步的討論可以包括附加
註釋。

情境故事

當團隊在任務流的日的上取得一致時，故事、使用者和管道之類的
文字內容可能會稍有變化，此後也大致不會變動。

任務

在整個討論過程中，團隊將增加、編輯、移動和刪除任務，因此使
用便利貼或卡片讓它們可移動，或者易於編寫和擦除。

附加註釋

有時會在討論結束時加上附加註釋。雖然可以編輯和移動這些附加
註釋，但它的發生頻率遠比任務少。

在網站上查找範本、框架素材和遠端資源：
http://pxd.gd/interactions/touchpoint-map

活動 1：釐清情境故事

當你和你的團隊聚在一起並討論情境故事時，很容易忍不住跳起開始繪製任務和箭頭。如同大多數討論一樣，每個參與人員都對故事、使用者和管道有其假設。

在此活動中：

1. 你將識別出情境故事

2. 你將釐清使用者和管道

為確保每個人都在同樣的故事上進行，請在任務繪製活動的一開始釐清情境故事。具體來說，什麼使用者、他們在做什麼、在什麼管道？

制定

你將做什麼？	識別出故事、使用者和管道
結果是什麼？	整個團隊同意的清楚情境故事
為何這是重要的？	確保團隊一致、討論同樣的使用者和任務
你將如何進行？	共同進行

要制定故事的闡明，請說：

> 「在草擬出此情境故事前，我們先寫下使用者和管道，讓我們保持在正軌上。」

釐清故事

讓我們用一個例子來更清楚說明。假設小紅帽想要拿咖啡給她的奶奶喝，她的奶奶是生病在家的 Regular Joe，而你想繪製小紅帽在咖啡店購買咖啡所涉及的任務。

進入情境故事

雖然你可能想要繪製出小紅帽的完整旅程，包括從家裡、到咖啡店、穿過樹林、再到奶奶的房子，但我們希望將重點放在可由我們全球咖啡公司可控的單個接觸點上。我們將在下一章畫出小紅帽的完整旅程。現在，讓我們先畫小紅帽去咖啡店時做了什麼事。

因此，這就是我們的情境故事：小紅帽在咖啡店為奶奶點咖啡。

如果團隊提到故事的其他部分，或描述的情境故事比單個接觸點更廣泛，請將其捕獲作為另外要畫的接觸點。但是，你一次只能畫一個接觸點。例如，團隊成員可能還希望繪製小紅帽如何找到及前往咖啡店。這些是可以去畫的很好的情境故事，但是請分別繪製它們。

在此案例中，我們將畫出小紅帽如何在咖啡店為奶奶點咖啡。

指出使用者

第十六章說明了即使是點咖啡這樣簡單的任務，對於不同的人物誌也可能會有所不同。這些差異顯示出為何明確指出你將關注哪位人物誌是如此重要。如果一個團隊成員假設使用者是一個不需要 menu 的 Regular Joe，另一個團隊成員假設使用者是一個總是需要 menu 的 Casual Coffee，那麼他們對於是否需要 menu 會產生爭論。

在我們的故事中，小紅帽不懂咖啡，因此她可能需要 menu。但是她是要幫作為 Regular Joe 的奶奶點咖啡，所以她完全知道要點什麼。

所以，這就是我們的人物誌：Regular Joe。

如果你認為團隊還未達成一致，請追問以確定是否應該用另一個人物誌取代，或在第一個人物誌後再另外畫。決定要採用的最佳方法，並指定管道。

指明管道

就如同人物誌會改變你畫什麼任務一樣，管道也會改變什麼任務是使用者所期望或可行的。通常，團隊會就你正從事的產品所關聯的管道共享一個假設。但是，把它大聲說出來並寫在白板上很有用，這樣可讓每個人都看到。

對於這個範例，管道是在商店中。

像人物誌一樣，追問以確定是否還有其他管道應該被討論。如果團隊成員有其他替代可畫的管道，請也捕獲它們。畫接觸點是一項快速的活動，因此你可以快速連續畫好幾個。

完成全部故事並移往產出任務

在此活動中，我們把自己定義出的故事（小紅帽想要拿咖啡給她的奶奶，她的奶奶是一位在家養病的 Regular Joe），轉成一個清晰的情境故事：Casual Coffee 在一家商店為 Regular Joe 購買咖啡。

在螢幕畫面、白板或頁面的左上方寫下此情境故事，以便在你完成繪製接觸點之前，該情境故事將保持可見。

你可以設計、建構和測試這樣特定的情境故事。又因它聚焦在單個接觸點上，你可以在此有限範圍，短時間內從開始到結束。一旦你弄清楚該情境故事的使用者和管道後，就是時候生成任務了：

「現在，我們已經捕獲該具體情境故事，讓我們開始畫出任務。」

活動 2：產出任務

故事的美妙在於，它們把數個事件集結成為一個便利包。你的團隊怎麼想這個故事，其實就已經決定他們假設將會有的任務。在此活動中，你將運用每個人的假設並協作，以識別出什麼任務應被畫出來。它的三個簡單步驟：

1. 同心協力，識別出第一個任務

2. 識別出每個其他任務

3. 識別出每一個決策點

制定

你將做什麼？	列出任務
結果是什麼？	一個接觸點的任務和決策點的清單
為何這是重要的？	識別出任務的樣貌，團隊將從中改善和優化體驗
你將如何進行？	共同進行

要制定任務的產生，請說：

> 「現在我們知道使用者和管道了，讓我們列出他們完成此情境故事所要從事的所有任務。」

促進任務產生

在團隊討論情境故事、使用者和管道時，他們多半同時想過所包含的任務，因此此活動會很快完成。首先詢問第一個任務是什麼。參考該情境故事以啟動討論。在我們範例中的情境故事是：Casual Coffee 在商店為 Regular Joe 購買咖啡。

詢問團隊，Casual Coffee 會做的第一件事是什麼。

團隊可能會分享各種答案。像是 Casual Coffee 先走到櫃檯、Casual Coffee 先點單、或 Casual Coffee 先走進商店。這時候，你只是需要一個起點。這是否是真正的第一步並不重要。把這個第一步寫到白板上（圖 15-3）。

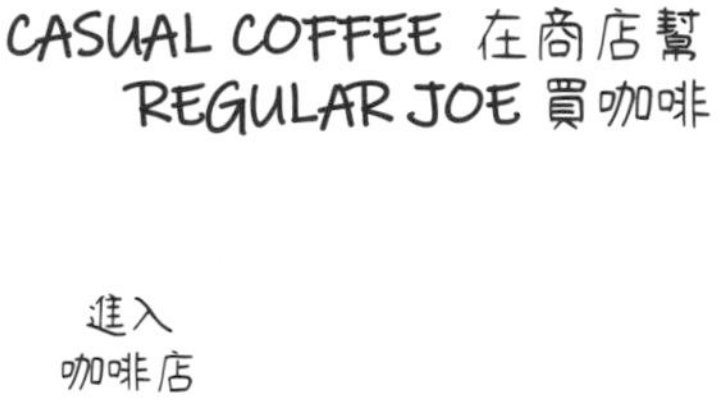

CASUAL COFFEE 在商店幫
REGULAR JOE 買咖啡

圖 15-3
所有任務流都從某處開始。把這個第一步的想法寫到白板上。

進入
咖啡店

如果團隊提供了很多個第一步的選項，請選擇看起來是該流程最早出現的那個，剩下的放到下一步再思考。

追問使用者看到什麼

你可以持續詢問下一步是什麼、下一步是什麼，直到情境故事結束為止。但你特定的使用者和管道，會限制情境故事能如何結束。使用者所看到的，隱藏在他們所做的事中。

使用者會看到某些事物，因而做某些事。最終，你團隊的工作是要展示正確的事物，以便使用者看到後能接著做某事，因此完成該情境故事。

因此在第一步之後，不問接下來使用者會做什麼，而是改問使用者接下來看到什麼（圖 15-4）。Casual Coffee 走進咖啡店時會看到什麼？她看到 menu 和櫃檯。捕捉她下一步看到什麼，寫下來並在下面畫一條線。這個時候，就只需捕獲使用者看到的即可。不過很快的，團隊將優化任務流程，來確保使用者能看到他們所需要或期望的。

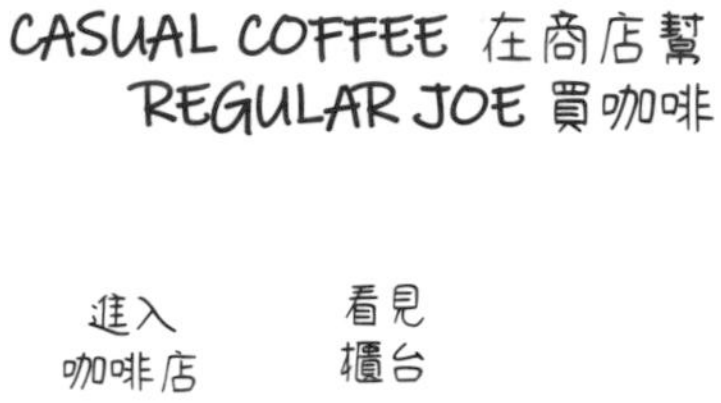

CASUAL COFFEE 在商店幫
REGULAR JOE 買咖啡

圖 15-4
捕獲使用者在第一步後看到什麼

進入
咖啡店

看見
櫃台

追問使用者對所見物的反應

當你一識別出使用者看到什麼時，它有助於團隊說出下一個問題的回應：使用者下一步會做什麼？Casual Coffee 看見 menu 和櫃檯。她接下來要做什麼？她會往櫃檯走嗎？在線的下方捕捉她看到後會做的事（圖 15-5）。

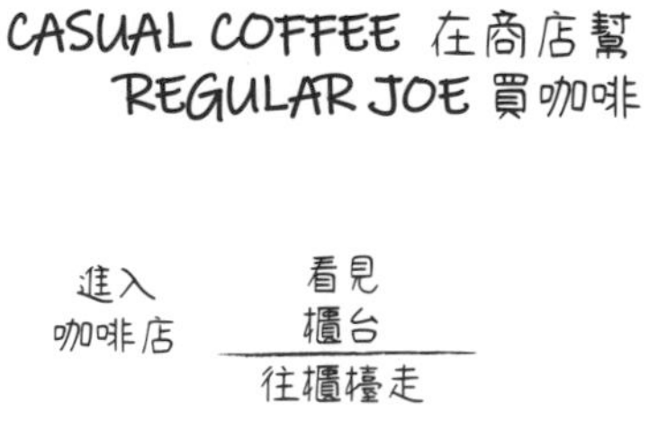

CASUAL COFFEE 在商店幫
REGULAR JOE 買咖啡

圖 15-5
捕捉使用者看到後會做的事

進入
咖啡店

看見
櫃台
往櫃檯走

注意多重路徑和決策點

只有在極少數情況下，你會畫出一個很單純的、使用者一步接著一步的流程。通常，路徑上會有分岔，因使用者會基於某些情況或決定而改變走向。我們將這些分岔處稱為**決策點**。

在團隊產出任務時留意這些決策點。在上述範例中，Casual Coffee 是否總是往櫃檯走？如果有分岔路線怎麼辦？在之前那組「看見 /做」的下方放上其他選項（圖 15-6）。

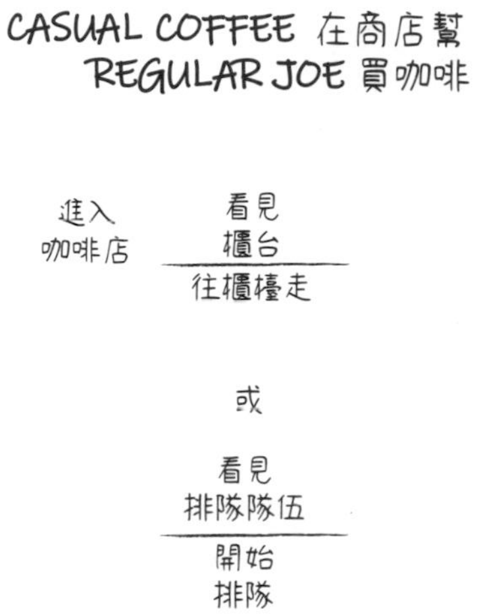

CASUAL COFFEE 在商店幫
REGULAR JOE 買咖啡

圖 15-6
寫入其它最具意義的看見或所做的資訊，作為決策點

進入　　看見
咖啡店　櫃台
　　　往櫃檯走

或

看見
排隊隊伍
　開始
　排隊

從結構上講，故事假設一個單一結局，而情境故事也不例外。因為每種情境故事將只有一個結局，所以決策點將結束於下面二者其一。其一，決策點可能將使用者引導至另外的接觸點。又或者，決策點將引導使用者回到情境故事的主要路徑上。

在我們的範例中，如果小紅帽沒有看到排隊隊伍，則她往櫃檯走。如果小紅帽看到排隊隊伍，那麼她會開始排隊。不管怎樣，經過排隊這個步驟後，小紅帽到達櫃檯。無論她用什麼方式到達櫃檯，小紅帽將會點咖啡。

相對的，如果小紅帽在去櫃檯前先去洗手間，那將造成另一個分開的接觸點（圖 15-7）。當決策點導致另一個分開的接觸點時，就好像在說：記住這裡還有另一條路一樣，但是現在你已著眼於遠本的故事上。

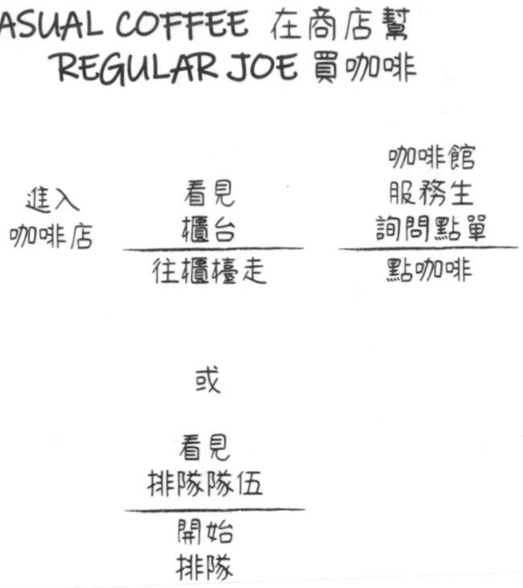

CASUAL COFFEE 在商店幫
REGULAR JOE 買咖啡

圖 15-7
決策點導引回到主要故事或導
引至另一個故事

進入 咖啡店	看見 櫃台	咖啡館 服務生 詢問點單
	往櫃檯走	點咖啡

或

看見
排隊隊伍

開始
排隊

繼續產出使用者看到什麼和做什麼

繼續捕捉使用者下一個看到什麼和做什麼，直到達到情境故事結束
為止。在範例情境故事中，Casual Coffee 為 Regular Joe 點了咖啡。
該情境故事包含一個不言自明的結束狀態，即 Casual Coffee 拿走所
點的咖啡，因此繼續產出任務，直到達到結束狀態為止（圖 15-8）。

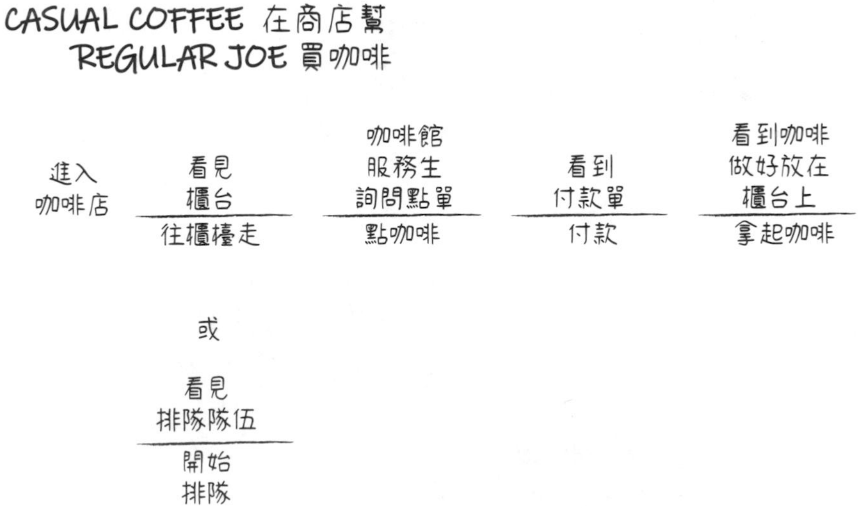

CASUAL COFFEE 在商店幫
REGULAR JOE 買咖啡

進入 咖啡店	看見 櫃台	咖啡館 服務生 詢問點單	看到 付款單	看到咖啡 做好放在 櫃台上
	往櫃檯走	點咖啡	付款	拿起咖啡

或

看見
排隊隊伍

開始
排隊

圖 15-8
繼續捕獲下一步，直到達到情境故事的結束狀態

團隊可能對情境故事的結局有不同的想法。就像第一步一樣，捕捉所有合理的結尾作為圖表的一部分。對於那些不太通用的步驟，請將其放到一旁，這樣你就不會忘記它們。你可能在下一個精鍊任務順序的活動中，再去考量它們。或者，它們可能會被加入在其他任務的流程圖中。

完成產出步驟並移至精鍊它們

繼續詢問使用者看到什麼和做什麼，直到使用者抵達情境故事的結尾或討論變慢為止。如果團隊沒有產出每個任務或決策點，這沒關係。在下一個活動中，團隊將完善這些步驟，並加上和刪除附加的任務。為了繼續完善精鍊，強調優化任務流程的需要：

> 「現在，我們已經識別出使用者如何完成他們的任務，讓我們尋找一個讓它變得更簡單、更順暢、更有趣的方法。」

活動 3：精煉任務和順序

當你產出任務時，你提供給你的團隊所需的要素以改善任務流程。團隊如何讓它變得更容易、更簡化、更有趣？或者，如果是在設計飢餓遊戲，團隊如何讓它變得更困難、更危險和更致命？

在此活動中，團隊將：

1. 尋找方法去改變任務順序來簡化互動

2. 尋找方法去刪除任務

3. 尋找方法去自動化任務，因此使用者無需做它們

4. 尋找方法去引入決策點來簡化主要情境故事

這種任務流程精煉為你的團隊創造出更好的產品。

制定

你將做什麼？	精煉任務順序
結果是什麼？	一個最終的任務順序
為何這是重要的？	設計一個優化的任務流程，讓團隊去建構和測試
你將如何進行？	共同進行

要制定順序的精煉，請說：

「讓我們尋找方法使這樣順序的任務更容易被完成。」

促進任務順序的改善

回顧任務流程圖，並查找任務可重排序的地方。詢問團隊在不同的順序下，是否讓使用者更容易完成任務。通常，現有流程被設計旨在順應組織過往做事的方式。又或，它們被建構的當下沒有過多地去考慮讓使用者更輕鬆。追問以了解團隊為何要讓任務按此排序，以及如果團隊進行重新排序後的情境故事是否會更好。

追問可移除的步驟

移除步驟讓情境故事更容易被使用者完成。較少的步驟意味著較少的事要做，且較少機會去改變主意或犯錯。追問團隊去識別出他們可以移除的任何步驟。

追問可自動化的步驟

有時候，雖然你無法移除步驟，但是你可以使步驟自動化，因此該產品會自動為使用者執行該步驟。從使用者的角度來看，該流程依然是較容易的。從團隊的角度來看，該流程可能需要做更多。

追問可合併的步驟

通常，自動化使團隊可以將兩個或多個步驟合併為單一步驟。使用者體驗到相同結果：一個較少機會中途放棄或面臨錯誤的簡單流程。除了自動化之外，尋找其他機會來合併步驟。現有的流程代表著豐富的合併機會。新想法、技術和商務流程可能使團隊能夠合併過去需要分開的步驟。

追問可移到另一個情境故事的步驟

如果任務流程圖變得太複雜或決策點太多使得太長，即表示你在同一圖中畫了多個接觸點。如果這樣的圖有用，就繼續保持這樣。但通常，識別出可分離的接觸點並將它們移到另外的圖表中會更有用。

獨立每個接觸點圖表可讓團隊專注於特定的互動，因此他們可以更好地進行建構。尋找將大型接觸點圖劃分為數個較小圖的機會。這也反映出對使用者如何與產品互動的清晰思考。

完成精煉並移至了解詳細資訊

在團隊完善任務流程之後，你可能會以為你已經完成了。但是，任務流程排除了關於互動具體細節的討論。編輯圖表以捕捉任務的最終順序。其後的對話會依此有很大差別。

關於接觸點圖的對話

接觸點圖讓團隊能夠一目了然地看到整體互動，因此他們可以識別並查找妨礙使用者的問題。團隊可以拉近並了解圖中的個別任務。這樣拉近放大和拉遠看全觀的能力，讓團隊定住時間並從多個角度查看互動。這樣多重看法可幫助團隊去計劃如何建立新互動、以及優化和改善現有互動。

接觸點圖可支持有關互動的常見五種團隊的對話：

1. 介面

2. 資料

3. 商務流程

4. 內容

5. 分析

介面：使用者如何完成任務

介面，通常是產品最具體的部分，在大多數團隊中的心佔率很高。最簡單的，接觸點圖讓你假設一個獨立介面給每個「看見 / 做」的組合。但是，在數位領域，合併多個步驟到一個螢幕畫面上很容易。要表示多個步驟將發生在同一螢幕畫面上，繪製一個矩形以框住這些步驟。

雖然大多數接觸點圖聚焦在單一管道上，但是你可以在圖上指示出到其他管道的切換。例如，某些互動會啟動一個訊息或電子郵件（圖 15-9）。

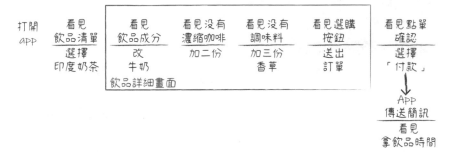

圖 15-9

繪製一個矩形以框住這些存在同一螢幕畫面上的多個步驟，並識別出何時互動會在其他管道啟動

資料、商務流程和內容：你需要什麼以支持任務

資料構成了產品團隊面臨的一些最大限制和最困難的開發任務。接觸點圖讓團隊可以查看整體互動，並識別出為了支持該情境故事他們擁有、需要和想要的資料。

要討論資料需求，請在接觸點圖下方捕捉你所擁有或需要的資料。將上方個別步驟的資料註釋在該列下方，就不會造成過多視覺干擾而使圖表不清楚（圖 15-10）。

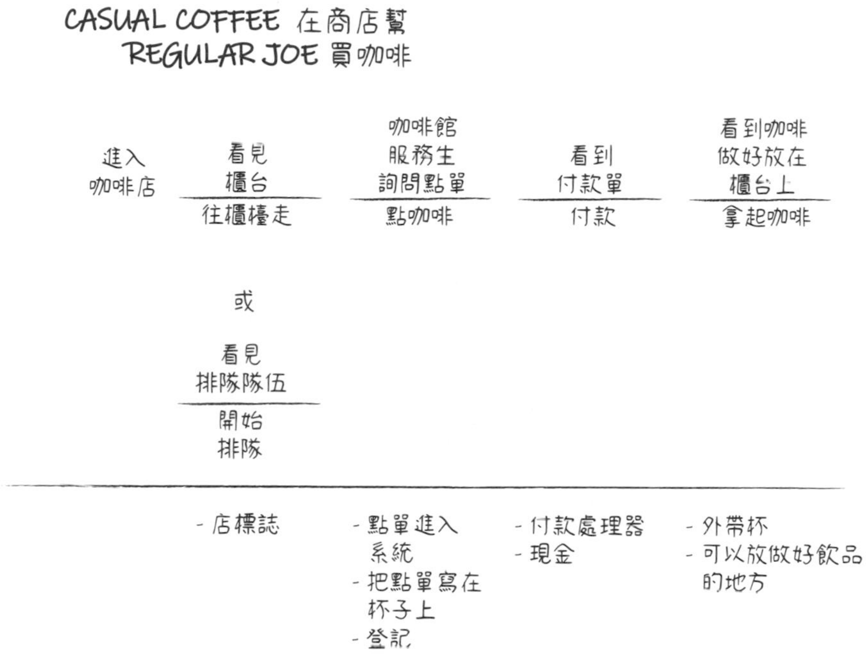

CASUAL COFFEE 在商店幫
REGULAR JOE 買咖啡

進入咖啡店	看見櫃台	咖啡館服務生詢問點單	看到付款單	看到咖啡做好放在櫃台上
	往櫃檯走	點咖啡	付款	拿起咖啡

或

看見
排隊隊伍

開始
排隊

- 店標誌	- 點單進入系統 - 把點單寫在杯子上 - 登記	- 付款處理器 - 現金	- 外帶杯 - 可以放做好飲品的地方

圖 15-10

用需要和想要的資料作為接觸點圖的註釋

有些任務可能會與商務流程綁在一起,例如核准、限制或報告。像資料一樣,在各列下方捕捉會影響或被影響的商務流程。

同樣的,介面也需要內容。為了建立或支持互動,你將會需要文字、圖像、影片、聲音、味道、人嗎?在每個任務下方的區域中捕獲所有這些資訊。如果你有正式的商務需求或使用者故事,則這些需求或故事的編號可以幫助團隊和核准者去追蹤需求和故事如何融入整個產品。

分析:要測量什麼

很不幸的,團隊如此專注於介面、資料和流程,卻忽略了要追蹤什麼以衡量成功。任務流的順序使你可以輕鬆查看整個互動過程,以識別出要在哪裡應用分析。

你可能會很想測量一個情境故事中的每個步驟，但是太多資料比沒有資料更糟。聚焦在對的資料上。互動中最關鍵的步驟是什麼？你是否想知道有多少使用者完成，以識別出使用者是否使用了該功能？你是否需要比較有多少個開始及有多少個結束，來識別出可用性問題？

思考你需要測量什麼並記錄下這些要分析的內容。關鍵的互動相較於較不重要的互動需要更多的測量。如果不那麼重要，可以減少測量甚至根本不要去測量。

接觸點圖揭露體驗的各個部分

隨著組織設計越來越多的接觸點，接觸點圖可幫助團隊解決有關介面、資料、流程、內容和測量的問題。記錄接觸點以支持使用者故事定義或草繪它們以支持所需的專案對話。

正如接觸點圖使團隊可以拉近或拉遠個別互動一樣，因產品可以擴展到整個生態系統，而團隊也需要拉近或拉遠這些環境。在下一章中，我們將應用這些相同的技術來繪製使用者旅程和體驗圖，從而使團隊可以設計出符合使用者生活和需求的產品。

[16]

了解產品如何適配旅程圖

如果使用者一開始從未接觸過你的產品，則優化接觸點將無濟於事。使用者旅程和體驗圖向團隊展示了產品所處的廣闊環境，因此他們可以確保產品以有用的方式滿足使用者需求。

在本章中，我們將得知團隊將如何畫使用者旅程到你的產品環境內、外。我們將學習如何畫使用者旅程成一連串的活動，但只有在團隊一直把旅程作為標竿時，旅程才能發揮其真正價值。

旅程和體驗圖是如何運作的

使用者旅程會議是混亂的，從錯誤的開頭開始邊畫邊討論，再迭代進行，直到每個人都累了或對你所畫的內容感滿意為止。旅程圖結合接觸點產出、及不同管道和階段的分析，以創建出一個關於使用者如何進入和離開你的產品生態系統的全面性觀點（圖 16-1）。這範圍很大，但是團隊可用三個步驟完成繪圖：

1. 共同進行，產生各接觸點

2. 分析旅程以了解情境

3. 探索接觸點細節

在活動的尾聲，團隊將創建出一個接觸點清單，並識別出使用者何時從一個階段轉移到另一個階段。

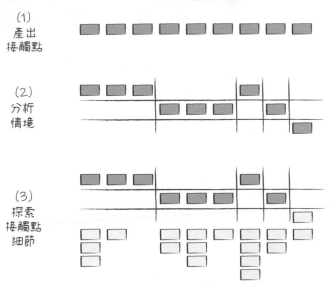

圖 16-1

產出接觸點並依管道和階段分組，以創建出旅程圖

何時要畫使用者旅程

在專案啟始和探索期間繪製使用者旅程圖，以幫助團隊了解產品如何融入使用者的環境。對於成熟的產品，尤其當團隊需要改善轉換率、採用率和留存率時，特別值得創建旅程圖。

輸入和快速啟動

旅程需要一個使用者和一個目標。如果團隊完成了使用者檔案畫布（第十一章），使用那些目標之一於旅程圖上。在使用者檔案畫布下方識別出的任務，可能可轉為旅程圖上的接觸點（圖 16-2）。

如果你沒有明確的使用者目標或接觸點，請參與者在前兩個活動中產出它們。

使用者和目標

使用者和目標幾乎肯定是不會變的，因此將不需要移動或編輯。

你將使用的素材

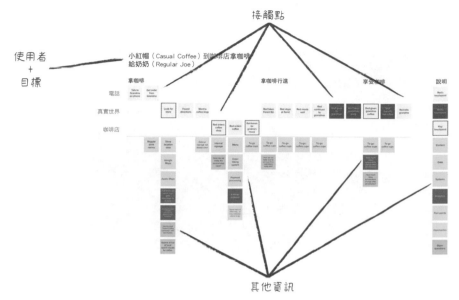

圖 16-2

旅程圖包含四個部分：使用者和目標、接觸點、管道和階段

接觸點

一旦識別出後，接觸點將被移動。將它們分別寫在可移動的便利貼或紙片上，或使其易於擦除和重寫。

其他資訊

與接觸點圖一樣，團隊可以捕捉關於資料、內容、分析、商務流程甚至是研究的其他資訊。將它們寫在可移動的便利貼或紙片上，或使其易於擦除和重寫，以便在它們關聯的接觸點移動時跟著移動它們。

在網站上查找範本、框架素材和遠端資源：

http://pxd.gd/interactions/journey-map

活動 1：產出接觸點

接觸點流程畫出其含括的使用者任務，較高一階的旅程則並畫出其含括的使用者的接觸點。一些團隊選擇將旅程限制在其組織可控制的接觸點上。當團隊查看產品生態系統內部和外部的接觸點時，他們可以識別出更多更好的機會來提高轉換率和留存率。

在此活動中，團隊將：

1. 識別出不對的起點以開始旅程

2. 識別出前面的接觸點

3. 識別出後面的接觸點

如果你識別出的接觸點為使用者檔案畫布的一部分（第十一章），請用它們來起始討論。

制定

你將做什麼？	列出接觸點
結果是什麼？	產品生態系統內外部的接觸點清單
為何這是重要的？	幫助團隊識別出改善轉換率和留存率的機會
你將如何進行？	共同進行或分組進行

要制定接觸點的產出，請說：

> 「讓我們繪製使用者的旅程圖，以便我們尋找讓產品更具吸引力的機會。讓我們先從列出使用者用產品，以及與產品相關的接觸點開始。」

促進接觸點產出

所有旅程都從一個步驟開始。

如果你已經有一個接觸點清單，請按大概事件發生的順序放到白板上。例如，如果你已用使用者檔案畫布創建出任務清單（第十一章），將其放到白板上。如果你還沒有接觸點，詢問團隊使用者是在何時首次接觸到產品。

讓我們舉個例子。假設我們想改善小紅帽購買咖啡並將其交付給奶奶的方式。在上一章中，我們畫出小紅帽的互動（其人設為在商店購買咖啡的 Casual Coffee）。現在，我們要畫出小紅帽與奶奶的咖啡的整個旅程。

小紅帽最先在哪裡碰到這家全球咖啡公司的？與接觸點圖一樣，這個問題沒有正確答案，第一個答案就是後續對話的起點。讓我們假設團隊建議小紅帽的旅程從走進咖啡店開始。把這個接觸點放到白板上。

選擇現在狀態或未來狀態

活動參與者經常會問的一個問題是，他們是否應該產出當前作業方式的接觸點，亦或是產出他們所希望的作業方式的接觸點。當你想尋找要改善之處時，請繪製現在狀態的旅程。當你想了解產品建構後將看起來或變成如何，請繪製未來狀態的。

不管你聚焦於現在狀態或未來狀態，參與者多半都將使用、參考和認定為現在狀態，因為這是他們所慣用的。這是人們描繪旅程最愜意的方式。如果你想要未來狀態但參與者說的卻是現在狀態，請追問以了解他們希望現在狀態未來會有何**變化**，並更正可能有所不同的所有接觸點。或者，就保持這樣。即使你正開發一個新產品，有些事情仍將保持不變。

追問前面的接觸點

用白板上列出的接觸點，探索之前發生了什麼事。使用者在接觸產品之前發生了什麼？是什麼導致使用者想到該產品？使用者是如何到達旅程起點的？

小紅帽進入咖啡店之前做了什麼？她從手機找到咖啡店位置，並按照導航方向前來。是什麼促使她尋找咖啡店位置？她才剛和奶奶說完電話。

捕捉每個之前的接觸點在白板上（圖 16-3）。繼續詢問為什麼和發生了什麼，直到你獲取有關先前事件的足夠資訊為止。不需要回溯到奶奶出生那麼早前的時間，但要回溯到足夠有助益的地方。

小紅帽（Casual Coffee）到咖啡店
拿咖啡給奶奶（Regular Joe）

跟奶奶 講電話	奶奶說要 喝某咖啡	找咖啡店	找到方向	前往咖啡 店	小紅帽進入 咖啡店

圖 16-3

詢問之前發生了什麼，並繪製使用者正做什麼、為什麼、以及在哪裡，以了解
產品如何融入使用者的全部情境

追問接下來的接觸點

就像你在旅程中回溯一樣，也往後繼續。從白板上最後一個接觸
點，詢問使用者下一步會做什麼。之後會發生什麼？使用者要去哪
裡？使用者在做什麼？繼續問接下來會發生什麼，直到你覺得資訊
足夠為止。

小紅帽進入咖啡店後會發生什麼？她點咖啡。我們已知道那是什麼
樣子。我們在第十五章中繪製了這個接觸點：從小紅帽點咖啡到她
拿咖啡這段時間。但接下來會發生什麼？小紅帽前往奶奶的房子，
經由林間小路。小紅帽停在花店前拿起花。小紅帽遇見野狼。小紅
帽到達奶奶家，並把咖啡遞給奶奶。奶奶不喜歡咖啡。小紅帽殺死
奶奶。

在白板上捕捉往後的每個任務（圖 16-4）。繼續詢問為什麼和發生
什麼事，直到你獲得有關後續事件的足夠資訊為止。

小紅帽（Casual Coffee）在咖啡店
拿咖啡給奶奶（Regular Joe）

圖 16-4

詢問接下來發生什麼，並繪製使用者做什麼、為什麼，以了解隨著時間使用者
如何與產品互動

追問以了解那些你不懂的事

當你包含多個觀點和多元團隊時，你會學到新東西。對你來說，這些新事物似乎很奇怪。對他們來說，卻是顯而易見的、不新奇的。如果你不了解小紅帽的故事，你會想知道小紅帽為什麼殺死奶奶。也許，甚至是，為什麼奶奶不喜歡她點的咖啡。

當你遇到你不了解的接觸點時，詢問使用者為什麼這麼做。小紅帽為什麼殺死奶奶？因為那不是真的奶奶。那是裝成奶奶的野狼。又野狼為什麼要裝成奶奶？

當你提出問題要去了解，請同時在白板上寫下這些新接觸點（圖 16-5）。

小紅帽（Casual Coffee）到咖啡店
拿咖啡給奶奶（Regular Joe）

圖 16-5
詢問你不了解的接觸點，以了解更多情境資訊

追問缺少的步驟

隨著旅程開始填充入越來越多的接觸點，請退後一步來尋找那些相較下較空的地方。探索那些地方。詢問還會發生什麼及為什麼。尋找團隊可能忽略的接觸點。

分組以涵蓋更全面

如果你有超過四到五個參與者，請分成小組以同時探究旅程的不同部分。當小組進行探索時，經常交換小組成員，以使旅程的每個部分都會有新的觀點在其上，來識別出新接觸點。

線性化旅程

當你按時間組織事物時，人們會想像成一個流程圖。它們可能會在不同方向上產生接觸點分支並創建出平行路徑。鼓勵另闢替代路徑。這會幫助團隊成員探索流程並生成其他接觸點。然而，在下一個活動中，你將需要讓每個接觸點有自己的一列。一旦團隊累了或者對你所記錄的內容感到滿意，請移動接觸點，使它們全部排成一條線（圖 16-6）。

小紅帽（Casual Coffee）到咖啡店
拿咖啡給奶奶（Regular Joe）

圖 16-6
當接觸點產出趨於平緩時，移動接觸點，使它們形成一條線

當你將並行的接觸點放在一條線上時，它們不再能精確反映出流程或時間流。但是，它們仍然看得出有按時間順序排列，這樣就夠了。如果你想要精確的流程圖，請做出任務流程（第十五章）。對於我們的旅程圖來說，每列一個接觸點將會在我們詳細檢視每個接觸點時帶來很大好處。

完成並移至分析旅程架構

隨著每個人的疲勞或用盡新的方式思考旅程，接觸點的產出速度會變慢。你將不會擁有所有接觸點，但這沒關係。你已經有足夠開始去理解關於旅程的重要構想：

> 「現在，我們對旅程中的接觸點有了一個很好的構想，讓我們退後一步，看看旅程的架構。」

活動 2：分析旅程的架構

一條長長的接觸點線讓團隊了解所要發生的事，但是並不能突顯出什麼是重要的。有用的旅程會突顯出有用資訊，而這些資訊讓團隊能用來做出對使用者更有益的產品。

要從接觸點線中切鑿出有用資訊，請使用網格切割出垂直和水平片段，呼應出那些有趣的事。

在此活動中，團隊將：

1. 按時間分析旅程

2. 按互動分析旅程

3. 分析旅程中的模式

制定

你將做什麼？	加上額外架構到旅程上
結果是什麼？	組織接觸點的有趣方式
為何這是重要的？	幫助團隊識別及了解如何做出更適宜的產品
你將如何進行？	共同進行

要制定旅程的分析，你可能可以說：

> 「現在，我們對使用者所經過的接觸點有很好的了解，讓我們了解旅程的不同階段和所涵蓋的系統。」

按時間分析旅程

接觸點排成一行，按時間沿單一方向移動。在我們的範例中，它從左向右移動，是因為這是我們在美國描繪時間序列的方式。你可以用其他方向來畫接觸點：從右到左、從上到下、從下到上等。

要按時間分析旅程，請查找細分時間軸的原因和方法。你要如何將線分段？每個旅程都不一樣，且每個團隊需要不同的資訊，因此沒有唯一正確的方法。但是，請用可能適用於你的情況的常見問題清單來處理。

將時間分成幾個區段

經常會將時間線分成數個較小區段。如果你有二十一世紀的經濟發展時間表，你可能會將其分為大蕭條前、大蕭條和大蕭條後三段。為何將時間軸拆多個區段的原因比如何分拆更重要。你將時間線分為幾個區段，以便你可以獨立分析各時間區段中的事件，以揭露有用的見解。

看看小紅帽的旅程，你能將此時間線分成幾個部分嗎？你或許可以將此時間線分為三個部分：小紅帽購買咖啡之前、小紅帽購買咖啡時及小紅帽購買咖啡之後（圖 16-7）。

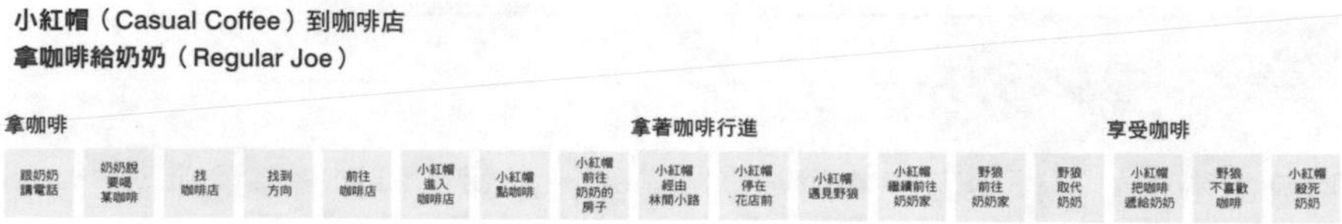

小紅帽（Casual Coffee）到咖啡店
拿咖啡給奶奶（Regular Joe）

圖 16-7

將旅程分拆為不同的時間段，以提供見解關於如何去改善使用者體驗

將時間分成幾個階段

當你將時間線分成幾個區段時，你將注意到使用者在不同的時間進行不同類型的活動。在我們的範例中，小紅帽以不同方式與全球咖啡公司互動。一開始，她和奶奶談論咖啡點單選擇。接下來，她找到並導航到咖啡店。然後，她點了咖啡要外帶。最後，她把咖啡運到奶奶那裡。

在每個階段裡，小紅帽做了不同類型的任務。在時間軸上查找使用者完成不同類型任務的所在。表 16-1 顯示幾個範例，說明不同的團隊如何將其旅程分成多個階段。

表 16-1　使用者旅程常見的階段

旅程	所用階段
產品 / 服務選擇	發現
	評估
	選擇
	消費

旅程	所用階段
服務體驗[1]	之前—使用者買服務之前
	開始—使用者買服務和第一次使用
	過程—服務的一般使用
	之後—當使用者離開這個服務
旅行	調查和計畫
	購買
	預定
	預定後，旅行前
	旅行中
	旅行後
遊戲[2]	意識
	選擇
	購買
	玩
	分享
買家具	被所見的某事物啟發
	探索相似外觀的
	評估
	購買
資本專案	識別機會
	驗證
	計畫
	執行

將時間依系統區分

使用者與產品互動的同時，旅程會顯示使用者如何進、出不同系統。如果使用者從一個系統移到另一個系統，請根據當時使用的系統將時間線作區分。

---

1   Miller, Megan Erin. 「Understanding the Lifecycle of Service Experiences(了 解 服 務 體驗的生命週期).」 Practical Service Design, Practical Service Design, 22 Sept. 2016, *blog.practicalservicedesign.com/understanding-the-lifecycle-of-service-experiences-33b29257f401.*

2   從 nForm（*https://www.nform.com*）為 Comcast 遊戲網站創建的使用者旅程

例如，小紅帽在將咖啡拿給奶奶的旅程中，分別與三個獨立系統進行了互動。第一，她用最近的位置以查找路線方向並導航至咖啡店。第二，她與商店互動以選擇和點咖啡。最後，她與咖啡包裝互動以運輸咖啡。

將時間依使用者區分
正如不同的系統可能在不同地方較顯著，不同的使用者可能在旅程的不同地方更顯著。在我們的範例中，咖啡店的員工和野狼在不同地方佔有重要地位。識別出不同階段的重要演員角色，以幫助團隊了解如何做出更有用的產品。

嘗試不同方法，不要安於一種
將旅程水平分段的方法不只一種。你的團隊將找到一種對他們來說最有意義的方法。不要害怕嘗試不同的方法，或甚至一次應用兩種方法。沒有所謂正確的旅程，只有提供有用資訊的旅程。

按互動分析旅程
按時間分析旅程會將我們的時間線水平分段。按互動分析，則讓團隊可以使用垂直空間來顯示有關旅程的更多資訊（圖 16-8）。思考旅程接觸點的有用方法包括：

- 自有還是非自有？誰控制接觸點發生的位置？

- 線上還是線下？接觸點是發生於數位或現實生活中？

- 地點、管道或裝置？接觸點是否透過電子郵件、訊息、聊天室、網路、電話、對話而發生？

當團隊識別出將互動分組的方式時，將適用的接觸點在其列上下移動。例如，如果你識別出自有或非自有的互動，則或許將自有的互動放在上方，而把非自有的互動放在下方（圖 16-8）。

圖 16-8

按互動類型的分組，上下移動接觸點

識別自有和非自有的管道

每個旅程都應繪製使用者如何隨著產品，在你的組織系統內部和外部移動。強調突顯在每個階段誰擁有該管道，以了解你是否能控制那些互動或僅能影響互動。

在我們的範例中，小紅帽的旅程帶她通過多個系統。首先，她使用咖啡公司的應用程式來查找店面，她手機的地圖軟體獲取路線並導航到咖啡店，然後她手機的地圖軟體再次幫她到達奶奶的家。

當團隊想為小紅帽改進產品時，他們對哪些選項可用會有概念。他們無法控制手機的地圖應用程式。但是，他們可以嘗試影響其資料，使咖啡店的位置出現在其上。該公司可控制咖啡店，使點單和拿咖啡變得容易。又即使團隊無法控制林間小道，他們可以製作出適宜的咖啡杯和飲品架，從而使步行或開車運送咖啡變得較容易。

識別線上和線下互動

在這個數位時代，互動會同時發生在線上和線下。實際上，如果你的旅程沒有線下互動，則非常有可能是缺少關鍵接觸點。就像前述自有和非自有的管道一樣，意識到線上和線下互動也為團隊提供有關如何改善該接觸點體驗的其他資訊。他們可以控制體驗嗎？還是只能影響它？

當小紅帽經歷自己的旅程時，她會進行多種線上和線下互動。查找位置並獲取路線是在線上。導航至咖啡店同時結合線上和線下。咖啡店內的互動都發生在線下。導航到奶奶住家再次結合線上和線下，而拜訪奶奶發生在線下。

識別地點、裝置或管道

接觸點的地點可以為產品團隊提供更多其他見解。地點可以提供有關情境的重要詳細資訊，像是使用者周遭發生了什麼、以及什麼類型的資訊或介面可能是有用的。

同小紅帽，她在尋找咖啡店地點時是在家還是在走動中？在飛輪課上找位置與坐在家中沙發找位置不同。

有時候，對於線上或混合式的互動，團隊可以識別出發生互動的特定裝置或管道。要查找位置，小紅帽是否使用手機、平板電腦或筆記型電腦？她是否使用應用程式或網站；問 Siri；透過訊息、聊天或電話問？

就像你按時間進行分析時一樣，請嘗試不同方法或應用多種方法。幫助團隊識別出對他們最有用的資訊。

分析整個旅程的模式

到目前為止，團隊已將旅程水平和垂直分割，建立一個網格可提供了更多有用資訊。但是，在某些時候，你會用完水平和垂直的空間。當這種情況發生時，請標記接觸點以顯示整個旅程的模式。

從你已審視過的這些資訊中查找同類：

- 系統

- 使用者

- 自有或非自有

- 線上或線下

- 地點、管道或設備

由於無法再上下左右移動卡片，因此使用視覺化指標來強調各接觸點。顏色、點和圖示可以用來表示特定接觸點屬於特定群組。例如，只要該接觸點中小紅帽有使用她的電話，則標上電話圖示。將與狼有關的接觸點變成紅色。只要有咖啡出現的接觸點，加上一個黑點。加上圖示說明，使每個人都知道各種指標的意涵（圖 16-9）。

完成並移至了解特定接觸點

這個分析將旅程切成接觸點段，並提供了大量其他資訊和背景，讓團隊可用來建構更好的產品。先停在這裡，或深入了解特定接觸點以了解更多：

> 「運用這個旅程架構的視角，讓我們深入了解有關每個接觸點的更多資訊。」

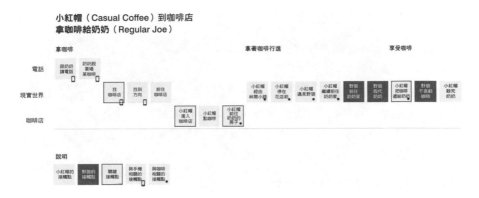

圖 16-9

在接觸點上標示以顯示整個旅程的模式

活動 3：探索接觸點細節

當你分析旅程的結構時，你會了解、思考並從各接觸點群組中獲得見解。現在，由於每個活動已有自己獨立的一列，你可以更深入地分析各個接觸點。

要分析各個接觸點，每個接觸點依次進行，並在各列下方加上其他資訊。

在此活動中，分組討論並分析每個接觸點。

制定

你將做什麼？	分析各個接觸點
結果是什麼？	有關每個接觸點的其他資訊
為何這是重要的？	顯示整個旅程中的其他模式，以及每個接觸點的特定限制和要求
你將如何進行？	分組進行，依次檢視每個接觸點

要制定接觸點的探索，請說：

「讓我們深入研究並詳細探討每個接觸點。」

促進接觸點的探索

整個旅程中充滿接觸點，有些接觸點代表著關鍵的互動。另一些接觸點則會顯示出困難的限制或複雜的業務需求。以 2 至 5 人為一組，檢視每個接觸點以識別出有關互動的關鍵資訊。

該團隊將無需探究此處描述的所有內容。挑選一些對你的產品最重要的主題。當你獲取資訊時，請使用每個接觸點的列下方來收集有關單個互動的所有資訊（圖 16-10）。

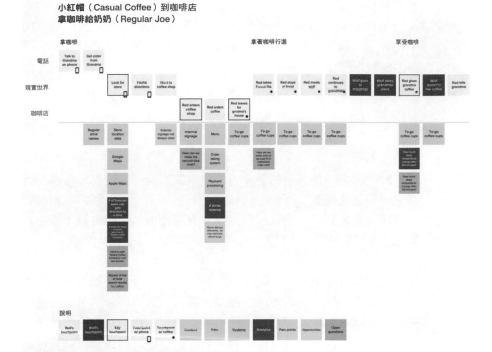

圖 16-10

在每個接觸點的單獨列中捕獲其他資訊

追問關鍵互動

尋找使用者從一種互動類型轉移到另一種互動類型的接觸點。例如，使用者從線上轉移到線下，從一個系統轉移到另一個系統，或從一個管道轉移到另一個管道。這些接觸點在設計過程中可能需要格外小心，以確保使用者可以輕鬆地從一種互動轉移到另一種互動。

同樣，尋找使用者從一個階段移至另一階段的接觸點。通常，這些轉變標示出使用者在旅程中作出決定以繼續前進之所在。

追問商務流程

對於組織控制的任何接觸點，請識別出每個相關的商務流程。例如，當小紅帽進入咖啡店時，這家全球性咖啡公司便要有接受客戶點單和製作飲品的流程。

對於其他類型的產品，商務流程可能需要核准、通知或其他要求。對於這些接觸點，團隊需要確保產品支持這些流程的完成。

追問資料需求

對於數位產品特別重要的是，對於每個接觸點，要識別出產品是否需要顯示、收集或引用參考任何資料。例如，當小紅帽在應用程式中尋找商店位置時，該應用程式需要有關每個商店的資料。而小紅帽在店內點咖啡時，咖啡館服務生需要提供準確的飲品價格。

追問系統整合

與上述資料一樣，對於每個接觸點，識別出支持該互動所需的任何系統。系統來回傳遞資料，因此接觸點需要系統來運作它所使用的所有資料。商務流程也可能需要系統。例如，一些系統可以進行核准或發送通知。

追問內容需求

對於組織可控的任何接觸點，識別出所需的內容。使用者可看見的資料是一種內容，又接觸點通常需要其他類型的內容，例如使用說明、幫助資訊，對於多語言系統，還需要內容翻譯。

追問分析需求

根據專案目標，識別出你能或應該要測量的關鍵指標其所在的接觸點。例如，你可能想要測量有多少使用者在應用程式中查看商店，並點選連結以獲取路線。或者，你可能想比較進入商店的使用者數與商店收到的點單數。識別出有用的分析。請注意哪些分析是你現在即可獲得的，和哪些是你需要多花一些功夫才能追蹤到的。

追問痛點和機會

對於每個接觸點，討論使用者面臨的特定痛點或障礙。如果你在使用者檔案畫布上識別出痛點，則將痛點畫到旅程上（如果適用的話）。團隊要如何幫助使用者克服痛點？

同樣地，團隊可以明確識別出每個接觸點的機會。捕捉所有新想法，以改善互動或克服使用者痛苦。

追問未決問題

團隊對每個接觸點所知的資訊不均等。在大多數情況下，缺少資訊是可以的。你無需為每個接觸點填入所有內容。不過，有時你會遇到團隊無法回答的重要問題。捕捉這些未決問題在每個接觸點的列中。

旅程圖揭露出更好產品的秘密

當你捕捉使用者使用該產品的旅程時，團隊可以做出對每個使用者而言更有意義、有用和合用的產品。當產品在使用者需要時提供他們所正需要的東西時，你就可以創造出快樂／滿意的使用者和歡愉時刻。

到目前為止，我們僅討論團隊應如何建構產品，以及為什麼產品需要各種功能。如果團隊無法將這些想法轉化為實際所做，那麼所有這些討論都只是在浪費你的時間。在下一節中，我們將探索團隊如何思考並建立其產品需要的介面。

[V]

介面

作為一個體驗產生機，你的組織同時產出員工和客戶的體驗（圖V-1）。為了獲得這些體驗，員工和客戶一起參與介面，以獲得這些體驗。這些介面使這些體驗變得有可能、也促進和推動體驗的產生。

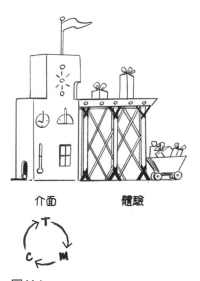

圖 V-1
你的組織是一個使用者體驗工廠。想法進入、每個人都做好自己的部分，最後介面出現，其創造出員工和客戶的體驗

因為它們驅動體驗，所以專案需要花大量時間和精力在介面上。無論你是要設計線框、使前端 CSS 運作，還是要查看使用者行為方式的分析，團隊都將重點放在介面上。螢幕畫面是每個人都能指向的具體事物。

本部分探討了介面的各個部分、介面的不同類型，以及如何控制介面的保真度，因此你可以與團隊和客戶一起思考 - 製作 - 確認介面。

為了幫助你的組織創造更好的體驗，請改變你隊友思考和做出介面的方式。你們合作地越好越能創造出更好的使用者體驗。想法進入、每個人都做好自己的部分，更好的介面就會出現了。

[17]

介面上可見和不可見的部分

對於任何系統，先問自己：「終端使用者如何與產品互動？」他們會打電話來？發送電子郵件？瀏覽網站？郵寄制式表格？與相關人員談話？

當你詢問終端使用者如何與你的產品進行互動時，其答案就是一個介面。介面是許多組織相較於其它事物更加重視的一個物件。介面是具體的，也是體驗機控制體驗的最後一塊。但介面不只是這樣。

在本章中，我們將學習介面有形和無形的部分。當你專注於介面的可見元素（例如螢幕畫面）時，很容易忽略不可見元素（例如場景）。每個介面螢幕畫面都只是整個場景中的一步，使用者旅程中的一步（圖 17-1）。

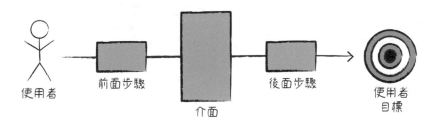

圖 17-1
介面只是使用者實現目標的整個旅程中的一個步驟。

實際介面

你可以討論**實**際介面或介面的**模型**。

當你瀏覽網站後發現難以使用的小工具和不清楚的使用說明時,你正在確認**實**際介面。分析結果也是在測量客戶如何與**實**際介面互動(圖 17-2)。

介面模型

每個設計專家都專注於不同類型的介面。建築師設計建築物。室內設計師設計空間。服務設計師創建服務。使用者介面設計師建構螢幕畫面。無論你設計什麼,當你「思考 - 製作 - 確認」一個設計時,你可能會審視某種介面的**圖片**。你並沒有查看**實**際介面。你所審視的即是介面**模型**。

當我們談論介面模型時,我們實際上可以談論建築物、電子郵件、聊天、語音系統、腳本、網站、應用程式、汽車或其他任何東西。在本書,大多數範例將引用數位產品和服務的螢幕畫面。

 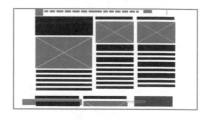

圖 17-2

左側的實際介面是實際產品或服務。右側的介面模型是一個介面圖片。

介面上四個可見的部分

不管你討論的是實際介面還是介面模型，你都可能在談論介面的四個可見部分之一：

- 內容，介面傳達什麼給你
- 功能，介面讓你做什麼
- 排版，介面是如何組織的
- 設計，介面是如何呈現的

內容

內容涵蓋了介面明確傳達給使用者的所有內容，但不包括使用者可能從介面推論出的內容。在網站上，內容包括文字和圖像（圖 17-3）。在電影中，內容包括文字、圖像和聲音（圖 17-4）。對於像 Amazon 的 Echo Dot 之類的硬體，內容包括 Amazon 商標、按鍵圖示及 Alexa 所說的內容（圖 17-5）。又木匙是不具內容的（圖 17-6）。

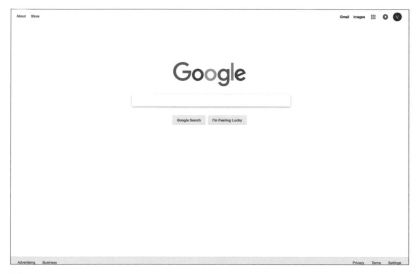

圖 17-3

在網站上，內容包括文字和圖像。

圖 17-4

在電影中，內容包括文字、圖像和聲音。

圖 17-5

在 Amazon 的 Echo Dot 上，內容包括 Amazon 商標、按鍵圖示及 Alexa 所說的內容。

圖 17-6

在某些介面上，例如木匙，不具任何內容（Marco Verch 所攝，*www.flickr. com/photos/30478819@N08/38273620312*）。

功能

功能是介面允許你執行的操作。Google 首頁可讓你輸入查詢，然後按搜尋（圖 17-7）。

圖 17-7

使用 Google 首頁的功能，讓你可以輸入查詢並送出搜尋。

預設功能

有時，設計人員將功能視為一種**預設功能**。設計思想家 Don Norman 將預設功能描述為「決定事物能如何被使用的特性。」[1]

功能不僅限於你**意圖**如何讓介面被使用。功能不管有人可能會怎麼使用它。木匙可能也是妙麗的魔法棒（圖 17-8）[2]。

1　Norman, Donald A. The Design of Everyday Things（日常用品的設計）New York, NY: Doubleday, 1990.

2　Norman 現在建議在建立設計時參考「指意」而不是預設功能。在物件的屬性方面，我們仍討論預設功能。See: Norman, Don. 「Signifiers, Not Affordances.（指意，非預設功能）」Jnd.org, 17 Nov. 2008, jnd.org/signifiers_not_affordances/.

圖 17-8
木匙也是一根魔法棒。

排版

排版描述了介面的組織方式。Google 在其首頁，將搜尋放在螢幕畫面中間，並將次要功能推到邊緣（圖 17-9）。Amazon 把圖示、喇叭、按鈕放在 Echo Dot 頂部，並把品牌放在環狀側面上（圖 17-10）。

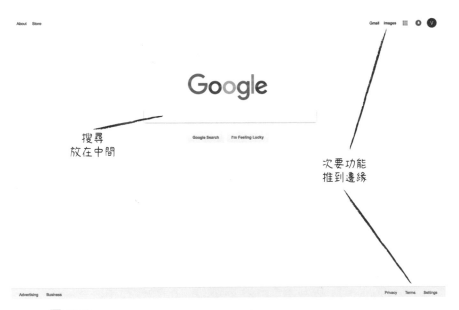

圖 17-9
Google 把搜尋放在螢幕畫面中間，並將次要功能推到邊緣。

圖 17-10

Amazon 將 Echo Dot 的功能設計於頂部，而商標放在側邊。

設計

設計是介面如何呈現。雖然 Google 和 Bing 兩者都可以幫助使用者於網路上搜尋，但是它們的首頁看起來不同（圖 17-11）。購買湯匙，你將進入湯匙設計的大千世界（圖 17-12）。

圖 17-11

Google 和 Bing 設計了不同的搜尋畫面。

圖 17-12
即使是木匙也有各式各樣的設計（Marco Verch 所攝，*www.flickr.com/photos/30478819@N08/38273620312*）。

樣式與功能

老生常談的「形隨機能」，建議設計師應連結物件的設計與其功能。這是一種關於如何做出好設計的**看法**。但是樣式和功能彼此無相關。

設計師選擇樣式。而功能來自設計師的意圖和使用者的想像。設計者控制樣式。設計者和使用者共享對功能的控制。

介面上不可見的部分

當任何人想像一個螢幕畫面時，他們都在想像內容、功能、排版和設計，這些是介面的可見部分。但是，他們其實還會假設誰將使用螢幕畫面、為什麼使用螢幕畫面、之前發生了什麼、以及接下來將發生什麼，即介面的不可見部分。即使你只是繪製螢幕畫面的線框，該線框也是在捕捉整個情境故事的一個快照。

每個介面都有四個隱藏部分（圖 17-13）：

- 使用者
- 使用者想要完成的任務
- 前面步驟
- 後續步驟

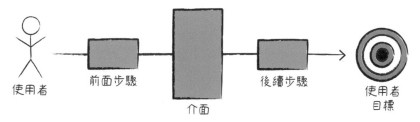

圖 17-13
介面包含四個不可見的部分：使用者、他們的目標、前面步驟和後續步驟。

使用者

當你和你的團隊談論介面時，你會想像一個使用者。即使你沒有談論使用者，每個人都會想像一個使用者。除非你想像有人使用它，否則你將無法考慮其功能。你在介面中建立的預設功能必須可供使用者使用[3]。手拿湯匙。手指按按鈕。

使用者的目標

介面假定有人會使用它來完成一個目標。當你設計介面時，你幫助使用者達到該目標。你建立介面是有原因的。

前面步驟

對於任何介面，你的使用者在看到你的介面**之前**，都做過或看過某些東西。當你的團隊談論單個螢幕畫面時，他們會假設之前發生過什麼。你的團隊設想了整個情境故事。

3　Hinton, Andrew.「Perception, Cognition, and Affordance.(知 覺、認 知 和 指 意)」Understanding Context Environment, Language, and Information Architecture. Sebastopol: O'Reilly Media, 2014.

後續步驟

就像你在考慮介面時會想像前面步驟一樣，你也會想像後續步驟。你會想像使用者拿起湯匙或按搜尋按鈕**後**會發生什麼。每當你討論**實際介面**或**介面模型**時，介面的可見和不可見部分都會起作用。要設計一個介面，你所設計的是可見和不可見介面。

介面不可見的部分才是最重要的

當團隊專注於介面的可見部分時，最重要的部分卻是不可見的。當你從事介面設計時，你需要一個讓不可見可見的方法，以便你的團隊做出正確的決定。在下一章中，我們將探討一個思考介面的可見和不可見部分的方法。

[18]

用 4 角法（4 Corners）設計介面

開始重新設計網站專案的四星期後，我舉辦了一個討論會議，會議成員包含我的團隊和客戶。我要求每位參與者（共 15 人）花 2 分鐘時間草繪網站首頁的線框圖。當時間結束後，我們收集全部 15 張草圖並將它們貼在會議室的米色牆壁上。

在會議室的整面牆上掛著 15 個不同版本的網站首頁。一些共同要素出現在幾個草圖中。大多數在螢幕畫面上方畫著一個大圖。對某些來說，這些大圖是輪播。其他則特寫出產品清單或最新訊息。有些特寫出重要連結，其可直接與不同類型的使用者溝通。

四個星期後，為什麼 15 個從事同一專案的人員對於首頁會有這麼不同的看法？

任何人想到螢幕畫面時，他們腦中浮現的會是內容、功能和排版。且他們會假設誰將使用這個螢幕畫面、為什麼使用、他們從哪裡來及接下來要去哪裡。

即使線框看起來好像只跟螢幕畫面本身有關，但它們實際上是捕獲整個情境故事的一張快照。在我的討論會議／工作坊中，參與者繪出 15 種不同的首頁版本，是因為每個參與者想像著不同的不可見介面。

好的介面需要思考。4 角方法可以幫助你與團隊或客戶一起思考，從而做出更好的介面。你的團隊將開始建構更好的螢幕畫面，而你將幫助他們。

4 角法是怎麼運作的

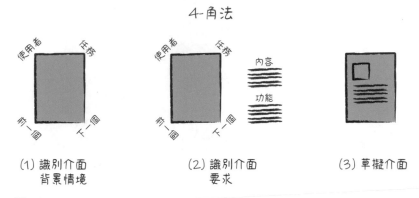

4-角法

(1) 識別介面
　背景情境

(2) 識別介面
　要求

(3) 草擬介面

圖 18-1

首先，識別介面的不可見部分。然後，識別所需的內容和功能。最後，草擬出介面。

4 角法可幫助團隊考慮介面的可見和不可見部分。4 角法使用一個畫布，因此團隊在進行可見部分之前，可先查看畫布上介面的不可見部分。4 角法運用六個活動幫助團隊思考設計背後的設計：

1. 識別使用者

2. 識別任務

3. 識別後續步驟和前面步驟

4. 產生內容清單

5. 產生功能清單

6. 草繪螢幕畫面

4 角法創建了一個視覺化清單，團隊使用該清單來考量介面的可見和不可見部分（圖 18-1）。當團隊考量使用者旅程時，他們會設計出更好的介面，最終為終端使用者和組織創造更多價值。

在此活動結束時，團隊將創建出：

- 介面的一個或多個草圖

- 介面內容和功能的描述

當你運用 4 角法時，團隊會一致於畫面的最重要使用者、目標及前面步驟和後續步驟，即介面的不可見部分。團隊也會一致於應顯示的內容和功能，即介面的可見部分。

何時用 4 角法草擬介面

需要草繪或審視介面時，可隨時使用 4 角法。我曾與設計師、開發人員和客戶一起使用 4 角法，為各種平台的網站和應用程式設計成功的螢幕畫面，包含企業對企業（B2B）和企業對消費者（B2C）的。它在任何地方、任何時間都是可去運用的。

輸入和快速啟動

在使用 4 角法之前，團隊應該對產品的使用者及產品最終狀態的願景有所了解。這種關於使用者和最終狀態的共同願景有助於使你的 4 角法討論更聚焦。（在第七章學習如何創建未來狀態的願景。另在第 III 部分中，我們介紹了系統使用者。）

你將使用的素材

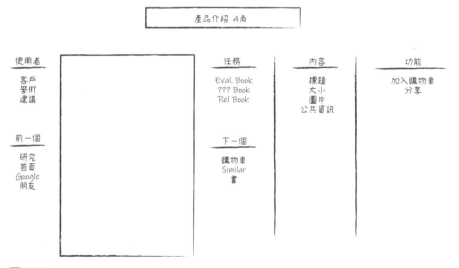

圖 18-2

4 角法使用六個清單來考量要繪製的內容。

4 角畫布

要與團隊一起使用 4 角法，你需要一種視覺化 4 角畫布的方法（圖 18-2）。使用預先列印出的工作表、或在白板、活動掛圖或紙上畫出畫布。

使用者、任務、前 / 後續步驟、內容和功能

這些可以在討論期間進行編輯或移動。使用便利貼或直接書寫和擦除，因其個別條目不太多。

在網站上查找範本、框架素材和遠端資源：
http://pxd.gd/interfaces/4-corners

活動 1：識別介面使用者

每個介面都可以幫助使用者做某事。識別出介面的使用者會導引出有用的介面，其會為你的組織和終端使用者創造價值。為了想出使用者，團隊將：

- 識別他們認為將使用該介面的人員
- 排列上述使用者的優先順序，以識別出最重要的使用者

如果只有一個使用者，或者你已經知道最重要的使用者，請跳過此步驟直接進行下一個活動以討論該使用者的任務。

制定

你將做什麼？	識別主要使用者
結果是什麼？	螢幕畫面最重要的使用者
為何這是重要的？	幫你為最重要的使用者優化螢幕畫面
你將如何進行？	共同進行以討論介面的不同使用者

要制定使用者的討論，請說：

> 「讓我們識別出此螢幕畫面最重要的使用者，以確保我們以正確方式優化螢幕畫面。首先，讓我們列出所有可能的使用者，然後選擇其中最重要的。」

促進可能使用者的討論

談論螢幕畫面的使用者就像詢問團隊「誰將使用此螢幕畫面？」一樣容易。當團隊交談時，同時將可能的使用者寫在 4 角畫布上，使每個人都可以看到（圖 18-3）。

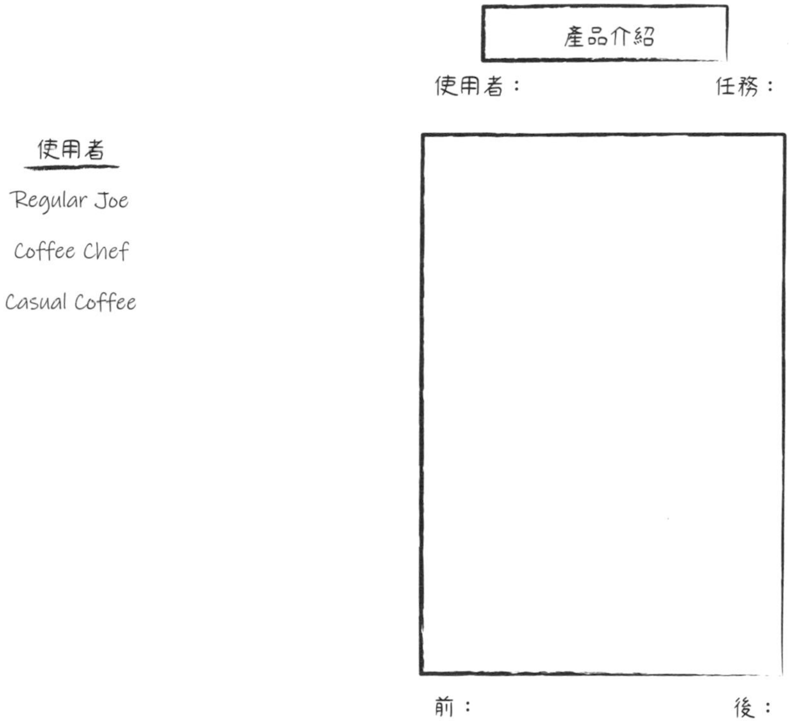

產品介紹

使用者：　　　　　　　　　任務：

使用者

Regular Joe

Coffee Chef

Casual Coffee

前：　　　　　　　　　後：

圖 18-3
在畫布的左上方列出使用者

當你覺得團隊遺漏一些使用者時，請提出問題追問或做出相關陳述。開放式問題可以幫助團隊擴大思考範圍。例如，你可能可以問：「還有其他使用者可能會使用此螢幕畫面嗎？」如果你認為團隊忽略了特定使用者，可以說類似這樣的：「行動工作者可能會使用此螢幕畫面來挑選咖啡館」。

跟他人一起使用的使用者

考慮使用者如何與他人一起使用也很有幫助。我們為家具網站設計了一個產品介紹螢幕畫面。研究顯示，線上購物者會與家人一起做出購買決定。與團隊討論使用者是否與其他使用者分享資訊。

當你不知道使用者時

如果團隊不知道可能的使用者，那麼你可能已跳過重要的一步。轉向討論使用者（請參閱第十章）

排列多個使用者的先後順序

最終目標是識別出此螢幕畫面最重要的使用者。如果團隊只識別出唯一使用者，那麼你已完成此步驟，可以繼續移至該使用者的任務。

大多數的情況是，團隊需要排列清單中數個使用者的順序，以便他們識別出最重要的使用者。從最重要到最不重要對使用者進行排序（圖 18-4）。如果團隊在排序上遇到問題，請提出問題以幫助他們進行優先排序：

- 如果我們只能為一個人設計此螢幕畫面，他將是誰？
- 誰將最經常使用此螢幕畫面？
- 什麼樣的使用者不能在此螢幕畫面失敗？
- 什麼樣的使用者在使用此螢幕畫面時會為組織創造最大價值？
- 哪個使用者最需要此螢幕畫面？

使用者

Regular Joe ①

Coffee Chef ②

Casual Coffee ③

產品介紹

使用者： 任務：

前： 後：

圖 18-4
排列可能使用者的清單

一旦團隊取得一致何為最重要使用者，請在螢幕畫面左上方標出這個使用者，並告訴團隊你已經準備好專注於該使用者要做的事。

但是這螢幕畫面是給所有使用者用的！

只為螢幕畫面選擇唯一個最重要使用者可能會令人害怕。向客戶和團隊成員保證，你不會忽視其他可能的使用者。通常，一個介面會有兩個重要使用者。只要你捕獲和排序出清單中的那兩個使用者，你就可以設計出可支持那兩個使用者的介面。

在討論期間，你在 4 角畫布上捕獲所有可能的使用者。這樣可以使每個人都確信你聽到他們的聲音。如果團隊無法將使用者從最重要到最不重要進行排序，請嘗試其他排序技巧。知道最重要的使用者會幫助你決定要包含的內容和功能，以及如何組織排版。

完成並移至討論使用者的任務

團隊會假設使用者將使用該介面完成一項或多項任務。一旦團隊識別出並排序出介面的使用者後，請轉移討論以釐清每個使用者的任務。

「根據介面的主要使用者，讓我們識別出他們想完成的任務。」

活動 2：識別使用者任務

當我進行這個（15 位參與者繪出 15 種不同版本首頁的）討論會議時，所有 15 位參與者對於首頁將如何幫助使用者的想法都有些許不同。每種設計都可以幫助使用者完成一組略有不同的任務。

每個介面都會幫助使用者做某些事。為了思考使用者的任務，團隊將識別出使用者在介面中欲完成的任務，然後對這些任務進行優先排序，以識別出最重要的任務。

如果此螢幕畫面只有一項任務，或者你已經知道最重要的任務，請跳過此活動並跳至介面的下一部分，並討論使用者的後續步驟。

制定

你將做什麼？	識別清單中任務的先後順序
結果是什麼？	螢幕畫面的主要任務
為何這是重要的？	幫你為對的使用者和任務優化介面
你將如何進行？	識別並排序介面的任務

要制定任務的討論，請說：

「讓我們識別螢幕畫面的主要任務，以確保我們是以正確的方式優化螢幕畫面。首先，讓我們識別所有可能的任務，然後再選擇最重要的一個。」

促進所有可能任務的討論

要產生任務清單，請詢問團隊：「使用者需要在此螢幕畫面上完成哪些任務？」當團隊列出任務時，請將其寫在畫布上（圖 18-5）。

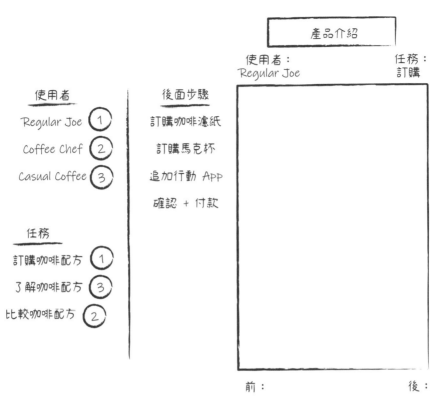

圖 18-5
在畫布上列出任務

即使團隊將產生多個任務，也要追問團隊以思考其他可能性。與使用者一樣，用問題或陳述追問：

- 問題：「使用者還可能想在此螢幕畫面上做什麼？」
- 陳述：「購物者可能想跟朋友分享這個咖啡配方。」

任務太廣

為確保任務範圍不會太廣，詢問：使用者將會在此螢幕畫面上完成該任務嗎？亦或他們將跨多個螢幕畫面完成任務？

在產品介紹螢幕畫面上，你說主要任務是買產品，但實際上使用者無法在該畫面購買產品。你想要使用者購買產品，那麼產品介紹畫面要如何幫助他們購買？在這個案例，產品介紹螢幕畫面是要幫助使用者決定去買產品。

任務太狹隘

一些任務是為了支持主要任務的。以產品介紹螢幕畫面來說，使用者可能希望看到價格或味道備註或評分和評論。這些任務可以幫助使用者完成主要任務：決定要買咖啡。

當你發現任務太狹隘時，請在畫布右側的功能下捕獲它們。在你談論功能時，請更多地談論它們。

排列任務順序

互動設計有一個竅門。如果你設計一個介面來支持兩個任務，那麼這兩個任務都不會像你為單一任務設計那樣成功。對於你加到介面中的每個其他任務，每個任務對於設計的整體有效性都會下降。當團隊識別出最重要的任務時，你將了解在最終設計中要優先處理的任務。

將任務從最重要到最不重要排序。使用類似你用來選擇最重要使用者的問題：

- 在此螢幕畫面上最常被完成的任務是什麼？
- 如果我們只能為此螢幕畫面設計一個任務，它將是什麼？
- 什麼任務是我們不能在此螢幕畫面上搞砸的？
- 什麼任務在此螢幕畫面上為使用者創造出最大價值？
- 什麼任務為組織創造最大價值？

完成並聚焦於使用者旅程中介面存在的位置

請注意主要任務在螢幕畫面的右上方。在確定主要使用者和任務後，團隊便知道為什麼有人會使用介面。但是，每個介面都接著另一個介面，你要確保切換時盡可能順暢。

> 「現在我們知道使用者和任務，我們想確保介面能支持他們的旅程。讓我們看看使用者後續步驟去哪裡。」

活動 3：識別後續步驟

你談論使用者的後續步驟，因此你可以設計此介面來幫助使用者到達那裡。強化每個介面通向另一個介面的方式，你的團隊將建立更好、更有用的體驗，以幫助使用者到達他們想去的地方。

為了考慮使用者的後續步驟，團隊將討論和排序可能的後續步驟，並識別出其中最重要的。

制定

你將做什麼？	識別出後續步驟
結果是什麼？	識別出畫面最主要、最重要的下一步
為何這是重要的？	幫助優化畫面排版和設計
你將如何進行？	識別和排序後續步驟和安全網

要制定後續步驟進行討論，請說：

> 「讓我們識別出使用者後續步驟將去哪裡，以確保我們用正確的方式優化螢幕畫面。首先，讓我們識別出所有可能的後續步驟，然後選擇其中最重要的。」

促進後續步驟的討論

在討論使用者的後續步驟時，請幫助你的團隊探索所有的可能選項。問你的團隊：「使用者在此螢幕畫面上完成任務後會發生什麼？使用者後續步驟該去哪裡？」在畫布上寫下後續步驟（圖 18-6）。讓所有人放心，知道你有傾聽並包含他們的觀點。

主要任務應該使後續步驟顯而易見。如果我們的產品介紹螢幕畫面幫助使用者決定購買產品，然後他們點擊「加入購物車」，接下來會發生什麼？他們會看到什麼？

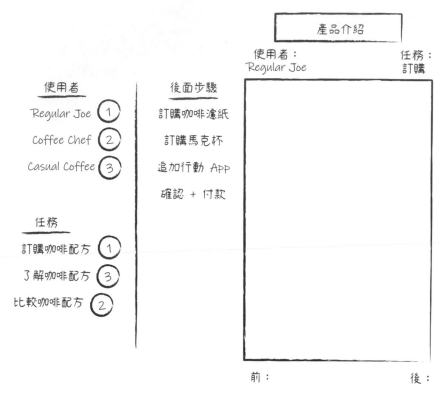

圖 18-6
你設計的每個介面只是使用者旅程中的一個步驟

追問有衝突的後續步驟

有時候你的組織利益與使用者利益會相互競爭。追問團隊關於你想要使用者做的事與**使用者**想要做的事之間的衝突：

- 使用者想做什麼？
- 你的組織希望使用者做什麼？

在產品介紹螢幕畫面上，你可能想要使用者「加入購物車」。與此同時，使用者可能希望在 Google 上搜尋該產品，並從價格較低處購買。如果你很幸運，組織和使用者希望執行的後續步驟是相同的。如果不是，請在畫布上捕獲這些相互衝突的後續步驟。

排序後續步驟

面對多個後續步驟，用以下問題從最重要到最不重要進行後續步驟的排名（圖 18-7）：

- 使用者將最常訪問的後續步驟是什麼？

- 如果你可以設計此螢幕畫面以驅動使用者到唯一下一步驟，這唯一下一步驟是什麼？

- 怎樣的下一個畫面是使用者**必須**能夠到的？

- 怎樣的下一個畫面會為你的使用者創造最大價值？

- 怎樣的下一個畫面會為你的組織創造最大價值？

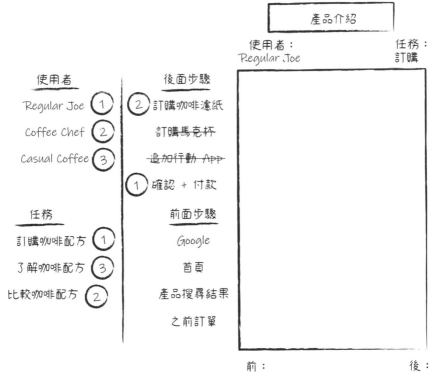

圖 18-7

從最重要到最不重要對後續步驟進行排序

完成並討論前面步驟

在畫布右下角標註主要的下一步，並告訴團隊你已準備好專注於使用者的前面步驟：

> 「讓我們來談談使用者從哪裡來。」

活動 4：識別前面步驟

你詢問使用者從哪裡來，因此當他們到達此螢幕畫面時，你可以確保這一切是有意義的。你想確保使用者不會迷路、得到適當的迎接，並且可以繼續其旅程的下一步。

如果使用者到達產品介紹螢幕畫面，但沒有看到他們期望或尋找的內容，他們將會立即點擊「回上一頁」鍵。要讓使用者前往下一步，先讓使用者停留在這個螢幕畫面上。要優化這個螢幕畫面以最大化轉換率，你需要在使用者從哪裡來和往哪裡去間建立強烈連結。

要思考前一步，團隊將討論和排序所有可能的前面步驟，並識別其中最重要的。

制定

你將做什麼？	討論所有使用者可能抵達此畫面的方法
結果是什麼？	最重要的前一步
為何這是重要的？	幫助優化畫面排版和設計
你將如何進行？	列出和排序所有使用者抵達此畫面的方法

要制定前面步驟進行討論，請說：

> 「讓我們弄清楚使用者從哪裡來，以便我們確保螢幕畫面能反映出使用者所期望的。讓我們列出所有可能的前面步驟，然後選擇最重要的。」

促進前面步驟的討論

在數位世界中，有各種路徑會帶領你的使用者到此螢幕畫面。對於產品介紹螢幕畫面來說，使用者可能是從首頁看到該產品，然後點擊該產品的連結（圖 18-8）。

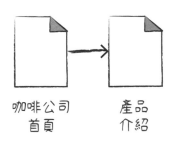

圖 18-8
可能是從你網站的首頁，來到你的產品介紹螢幕畫面

有其他替代路徑會將使用者帶到產品介紹螢幕畫面。也許是使用者從外部搜尋引擎（例如 Google、Yandex 或百度）中搜尋產品名稱。然後他們在搜尋結果中看到該產品，再點擊連結進入到產品介紹螢幕畫面（圖 18-9）。

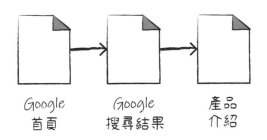

圖 18-9
另一條到達產品介紹螢幕畫面的路徑可能從外部搜尋引擎開始

要產生所有可能的前面步驟清單，詢問團隊：「使用者從哪裡來？他們是採用哪個路徑到達這個螢幕畫面的？」一個螢幕畫面幾乎都有多個入口點，因此團隊將產生多個選項。在畫布上寫下所有選項（圖 18-10）。

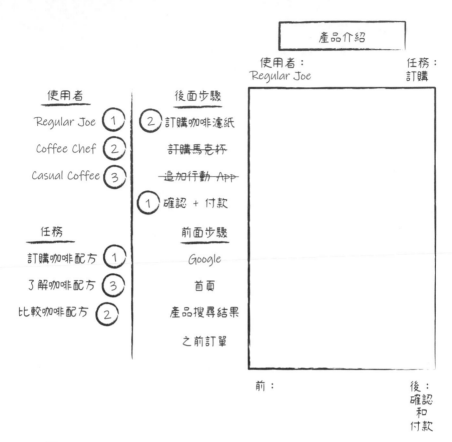

圖 18-10
在畫布上捕獲前面步驟

追問從其他網站和管道來的路徑

有些團隊因為太關注於產品本身，而忽略了外部途徑。詢問有關從其他管道來的路徑。他們是否從路邊的大型廣告牌看到網址？點擊電子郵件中的連結？從朋友那裡聽到你的網站？

思考使用者在哪裡，以及他們是如何到達這個螢幕畫面的。如果他們在商店中，那麼他們可能用的是手機。如果他們正與銷售人員交談，那麼他們可能用的是辦公室的桌機。他們是否點擊了連結？掃描了 QRcode ？輸入了網址 URL ？他們是如何到達你正設計的螢幕畫面的？

對於實體零售商而言，通常客戶會搜尋他們在商店中看到的產品資訊。如果你組織的銷售人員推動了大多數的購買，那麼也許你的客戶是輸入了他們在廣告單上看到的網址 URL。

排序前面步驟

你如何識別出要排序的路徑？ 以下這四個問題可幫助你識別出最重要的路徑：

- 什麼路徑最常出現？
- 如果你設計的這個螢幕畫面只能支持使用者從唯一條路徑抵達，那這個路徑將是什麼？
- 你能支持的哪個前面步驟能為你的組織創造最大價值？
- 你能支持的哪個前面步驟能為你的使用者創造最大價值？

從最重要到最不重要對前面步驟進行排名。在畫布的左下方捕獲最重要的前一步。

完成並移到內容討論

現在是時候討論螢幕畫面內容了：

　「讓我們討論一下螢幕畫面上應顯示什麼內容。」

活動 5：識別介面內容

內容是你與使用者溝通並幫助他們實現目標的方式。在你設計螢幕畫面之前，你要知道應呈現什麼樣的內容。

在討論的最後，你的團隊將列出並排序要包含在設計中的內容。為了幫助團隊將內容集中在使用者需求上，請使用 4 角法來描述使用者的故事。

制定

你將做什麼？	識別出使用者要完成任務所需的內容
結果是什麼？	排序好的內容清單
為何這是重要的？	識別出要包含在螢幕畫面設計中的要素
你將如何進行？	列出並排序各種內容要素

要制定內容的討論，請說：

> 「現在，我們知道使用者嘗試要做什麼，讓我們識別出內容，以確保螢幕畫面上有包含他們所需的一切。讓我們列出各種不同類型的內容，然後對內容進行優先排序以得知其中最重要的。」

用使用者故事促進內容討論

4 角法幫助團隊思考介面的不可見部分：使用者、其任務、前面步驟和後續步驟。如果沒有 4 角，你設計螢幕畫面時將只藉由詢問：我們需要什麼內容？如果有使用 4 角，團隊將用**故事**框架出設計。介面會從單一**畫面**切換成使用者旅程的一個**場景**。

對於產品介紹螢幕畫面，故事可能是：使用者看到 Google 列出的產品清單，點擊連結看到產品介紹螢幕畫面（在此他們決定購買產品），然後點擊「加入購物車」。

當你專注於使用者的故事時，你就轉變了團隊的思維。團隊不單是要設計產品介紹螢幕畫面，而是要設計可幫助使用者做出決定的螢幕畫面。使用者的故事反映出團隊的共同願景，關於介面如何能變得有助益和達成目的。

故事使願景更容易分享

故事將複雜細節結合成一個獨立的、易於理解的包裹。很難去牢記一長串需求清單並記住哪些需求很重要。故事說明了哪些細節最重要及為什麼。

當你用故事溝通而不是用需求溝通時，你的團隊可以更容易分享相同願景。故事可以讓你容易內化並記得使用者的旅程。這也使故事更易於與客戶和其他受眾分享。

運用故事會改變團隊如何思考和討論介面。團隊不再用功能清單來設計產品介紹螢幕畫面，而是，他們將開始在其要產出的每個介面上採用使用者中心的方法。

故事削減了設計癱瘓（paralysis）

良好的協作會包含每個人、產生更多的想法，並提供更多的觀點以評估這些想法。這些廣泛的觀點包括各種一個想法較另一個想法好或壞的原因。在 *Switch* 一書中，Dan Heath 和 Chip Heath 提到我們的分析性自我喜歡吹毛求疵和辯論想法。「「分析」階段通常比「執行」階段更令人滿意，而這很危險…」[1]

當你著眼於故事上時，團隊導引他們的精力於幫助使用者完成任務。故事識別出一個最終目標、一個終點。對於我們的產品介紹螢幕畫面，終點不再是產品資訊。現在的終點是一個決定。用 Heath 的話來說，當你專注於使用者的故事時，團隊可以避開分析癱瘓並航向著終點。

由於心中有使用者故事，團隊將有一個框架去思考可見的介面、內容和功能。要開啟討論，請使用 4 角法來產生使用者的故事：

> 當〔使用者〕從〔前一步〕抵達時，什麼內容是他們〔任務〕
> 所需要，以便他們可以繼續進行到〔下一步〕？

對於產品介紹螢幕畫面，你的故事可能聽起來像是這樣：

> 當〔使用者〕從〔*Google* 搜尋結果〕抵達時，什麼內容是他們
> 〔決定購買〕所需要，以便他們可以繼續進行到〔購物車〕？

當團隊列出內容時，將其寫到 4 角畫布的右側（圖 18-11）。

1　Heath, Chip, and Dan Heath. Switch: How to Change Things When Change Is Hard（譯：改變，好容易）. New York: Broadway, 2010.

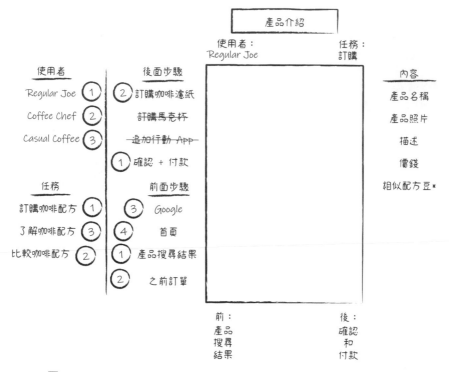

圖 18-11

在畫布右側列出使用者所需的內容

對於我們的產品介紹螢幕畫面，客戶需要四項資訊來決定購買此咖啡：

- 咖啡配方豆的名字

- 咖啡包裝的圖片

- 咖啡的描述

- 咖啡的價格

由於你已選擇了最重要的使用者和任務，且已識別出前一步和下一步，因此團隊可以輕鬆產生必要且適當的內容。

內容和功能之間的差異

當你產生內容時，你會想了知道關於文字、圖片和多媒體（例如聲音、影片和動畫）。內容與功能不同。內容是用來讀取的。而功能是讓使用者去做某事。在內容產生期間，人們也將叫出功能。

內容和功能緊密關聯。例如，對於產品介紹螢幕畫面，有人可能建議使用者可下載品嚐指南。品嚐指南是內容。下載品嚐指南是一種功能。

嘗試將內容與功能分開。當然，要強化你有在傾聽，請在畫布上同時捕獲內容和功能。如果有人建議下載品嚐指南，請在內容下捕獲「品嚐指南」，並在功能欄中捕獲「下載品嚐指南」（圖 18-12）。

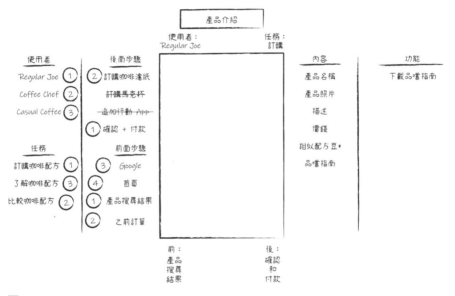

圖 18-12
當你的團隊將內容和功能結合在一起時，請將兩個想法都寫在 4 角畫布上

追問其他內容

當 4 角法聚焦在單個使用者和任務時，它可以幫助團隊創建目標單一情境故事的介面。這個優點也是一個缺點。因大多數螢幕畫面支持多個使用者和情境。

五個問題可幫助你探索其他內容：

- 還有哪些其他內容有用？

- 其他使用者將需要什麼內容？

- 還可以如何使用此螢幕畫面？

- 競爭者提供哪些內容？

- 在相似類型的螢幕畫面中會出現哪些內容？

關於使用者的故事：還有哪些其他內容可以幫助使用者完成任務？對於我們的產品介紹螢幕畫面，你可能會問：「還有哪些其他內容可以幫助我們的客戶決定購買此產品？」

對於產品介紹螢幕畫面，還有哪些其他內容可以幫助客戶決定購買這個咖啡？各種各樣的事情浮現在腦海：

- 區域

- 咖啡配方

- 可用的型式，如研磨、非研磨、或膠囊

詢問可能螢幕畫面被使用的其他方式。例如，你的客戶在購買咖啡**後**會參考產品介紹螢幕畫面嗎？其他使用者將會使用該螢幕畫面來支持其他任務嗎？

例如，在許多 B2B 網站上，客戶參考產品資訊來查找定位產品規格。

從最好的地方偷師

詢問競爭者使用的內容或出現在類似介面中的內容。你應該從競爭者那裡複製什麼？買車與買咖啡完全不同，但也許有一些有趣的內容可以讓你的產品介紹螢幕畫面更有用。

追問超出範圍的內容

專案的工作範圍（SOW）是指團隊假設和同意在某時間表和預算範圍內要做或不做的事。範圍建立一個共同的願景，關於專案將要做什麼和不要做什麼。即使在沒有特定範圍的專案（例如敏捷團隊）中，團隊也對專案範圍有不言而喻的假設。

雖然你不能也不會建構所有內容，但還是可以探索過去有關範圍的假設。你將幫助團隊識別出他們以為超出範圍但實際上沒有超出範圍的內容。

因為有可能團隊的假設是錯誤的。當我與團隊協作時，開發人員知道隱藏在 API 或資料庫中某處的其他、有用內容的情況並不少見。除非你去探索這些團隊認為超出範圍的，否則你將永遠不可能發現這些其他可能性。

關注構想，而不是範圍

要探究是否超出範圍，請將討論重點放在**構想**上。問題不是「**範圍內**的什麼內容將幫助使用者完成任務？」問題是「什麼內容將幫助使用者完成任務？」在此階段，你想要產生想法。

當你談論任何超出範圍的內容時，產品負責人、開發人員和專案經理都會很緊張。「超出範圍」代表著錯過截止日期、預算爬升和加不完的班。讓團隊放心，你只是在尋找想法，沒有人因此要承諾交付任何東西。

超出範圍識別出路線圖

充其量，可以在較晚階段再加上這些範圍外的內容。了解你之後可能要建構的內容，有助於團隊設計產品會考慮到未來建構。這樣可以確保你不會自己陷入自己建立的，將來需要進行重工的困境中。

範圍可能需要變更

探測可以幫助團隊檢查對於範圍的假設。以產品介紹螢幕畫面來說，你可能已經同意評等和評論不在範圍內。當你探索範圍之外時，你可以開啟對話去重新檢視這樣的早期假設。

範圍就像任一個規則。規則較少涉及要做什麼，而更多地涉及違反規則時的後果。專案範圍不太是建構內容的準則，而更多地是關於當你越界時會發生什麼事情。

也許對於產品介紹螢幕畫面，團隊決定評等和評論對專案成功是至關重要的。意識到這點後，團隊就知道應該重新協商範圍，去含括評等和評論。

你可能需要重新評估什麼在範圍內。也許某東西被移動，所以你可以加入評等和評論。也許是時間延長、更多的團隊成員加入、更多的預算。目前，這些幫助使用者的構思內容無需進行關於時間、預算和功能的棘手談話。但是，構思會能讓那些團隊應該要去進行的棘手談話浮現。

讓團隊成員感到安心你尚未做出任何承諾。捕獲範圍外項目時將其標記出來。可以很簡單的在範圍外想法的旁邊標上星號（圖 18-13）。

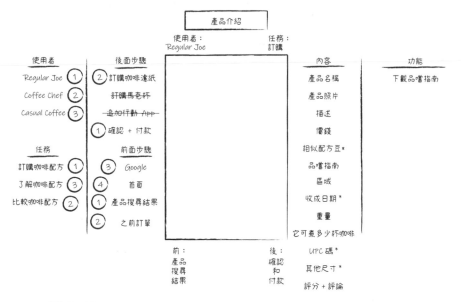

圖 18-13

標記範圍外的項目，以使團隊安心你已聽到他們的關心事項，且還未打算在專案中增加範圍。

排序內容

一旦你探索所有可能的內容後，請排序出最重要的內容。識別哪些內容較重要和較不重要，並在每個內容的旁邊寫上一個編號（圖 18-14）。

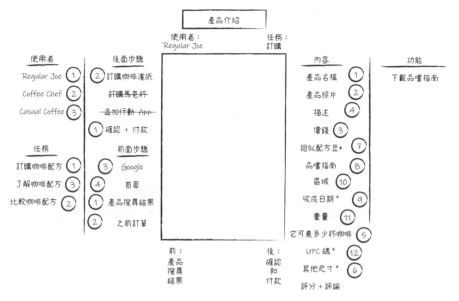

圖 18-14

將各內容項目進行編號以記錄其優先順序。

從第一個排序問題開始：

- 如果我們只能在此螢幕畫面上傳遞唯一一個內容，那將是什麼？

請參考使用者故事，以幫助團隊進行排序。如果你對內容應如何排序已有一個想法，就直接把那些最重要的內容項目號碼編出來。團隊可基於此進行回應和反應。

使用其他標準的排序問題來幫助團隊對每個內容項進行排名：

- 此螢幕畫面上最常被使用的內容是什麼？
- 此螢幕畫面上對使用者提供最大價值的內容是什麼？

在這個響應式設計的時代，你可以用手機的螢幕畫面來幫助排序：

- 當在手機上查看時，內容應依照什麼樣的順序出現？

排序後的內容清單將成為你設計螢幕畫面時的內容清單。這個排序會透露出內容的排版。

完成並移至功能

在團隊對內容排序後，接下來請談論功能：

> 「現在我們已經確定好內容了，讓我們討論一下我們應該在螢幕畫面上放哪些功能。」

活動 6：識別功能

內容為使用者提供了完成任務所需的資訊。很有可能使用者的下一步將超出你可控制的範圍。使用者可能使用產品介紹螢幕畫面來決定要購買一本書，然後在其他地方購買該書。功能將幫助使用者在你的體驗中完成他們的任務。

在這個最後的對話中，團隊將產生和排序功能。使團隊聚焦於使用者的故事並捕獲一個排序好的功能清單。

制定

你將做什麼？	討論使用者完成任務所需的功能
結果是什麼？	排序好的功能清單
為何這是重要的？	識別需要被加入的要素
你將如何進行？	列出並排序好各種不同的功能要素

要制定功能的討論，請說：

> 「現在，我們知道使用者正在嘗試做什麼，以及他們會看到什麼內容，讓我們識別出功能，以便我們確保螢幕畫面上包含他們所需的一切。讓我們列出各種不同類型的功能，然後進行排序以得知其中最重要的。」

促進功能的討論

要打開對話並產生功能，請像前面討論內容一樣，將使用者的故事包含在你的問題中：

> 當〔使用者〕從〔前一步〕抵達時，他們需要什麼功能以〔任務〕，因此他們可以繼續到〔下一步〕？

對於產品介紹螢幕畫面，你的故事聽起來會像這樣：

> 當〔客戶〕從〔Google 搜尋結果〕抵達時，他們需要什麼功能以〔決定購買〕，因此他們可以繼續到〔購物車〕？

在 4 角畫布右側列出團隊產生的所有功能（圖 18-15）。

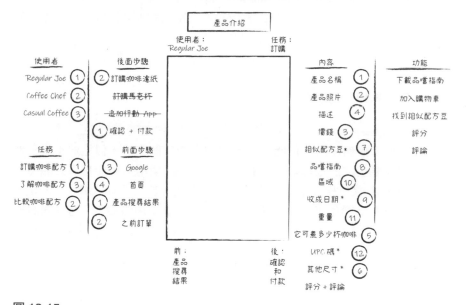

圖 18-15

在畫布右側列出使用者需要的功能

著眼於主要下一步

幫助團隊專注於單一個最重要的功能上。功能的一部分將與使用者最重要的任務相關。對於產品介紹螢幕畫面，如果使用者決定購買書，則他們需要一個「加入購物車」按鈕。

這個原則適用於你每天使用的應用程式和網站上。通常功能的其中一部分要比其他部分更為重要。有時，這最重要的功能部分稱為**主要行動呼籲**。

如果團隊還不確定從哪裡開始，請回頭參考他們已完成的任何流程或旅程。

追問與每個使用者任務相關的功能

雖然你識別出使用者最重要的任務，你也識別出其他任務。運用使用者任務的優先清單來追問其他功能。如果使用者想推薦一款咖啡，產品介紹螢幕畫面是否應包含與他人分享這個咖啡的工具？

與內容相關的功能

內容的每個部分都是一個其他功能的機會。

首先，雖然使用者可能需要**訪問**內容的每個部份，但這並不表示他們需要在這個螢幕畫面上**看完**這些內容。使用者可能想看到品嚐指南。這並不表示你在產品介紹螢幕畫面上放上品嚐指南。（但是，如果你這樣做了怎麼辦？）你可以提供讓使用者讀取/進入內容的功能。

其次，功能可以強化內容。例如，也許使用者希望看到發展區域的更大地圖。你可以提供讓使用者放大地圖或查看較大版本地圖的功能。

如果你提供產品評論，則可以提供篩選評論出現的不同方法。使用者可只查看評論好的或只查看一星的評論。

追問範圍外的功能

與內容一樣，不要限制討論那些每個人認定範圍內的。雖然你不能也不會建構所有內容，追問過往對於範圍的假設，以幫助團隊識別出他們**認為**超出範圍，但實際上沒有超出範圍的功能。你可能最終

會獲得超出範圍的功能，但你也有可能會發現那些在範圍內你可實現的有用功能。

追問安全網

沒有完美設計。有時，我們無法讓使用者成功。如果使用者來到此螢幕畫面，而這不是他們期望的，或者沒有提供給他們所需的內容或功能，那麼我們要如何幫助他們？你可以如何提供安全網來接住這些使用者並幫助他們呢？

對於產品介紹螢幕畫面，也許他們正在尋找其他的。你可以提供全豆或膠囊的連結嗎？也許這不是他們想要的咖啡。你可以提供連至相似配方豆的連結嗎？

排序功能

產生功能後，在每個功能旁邊寫一個數字，以表示什麼最重要和最不重要（圖 18-16）。最重要的功能就是主要的行動呼籲。

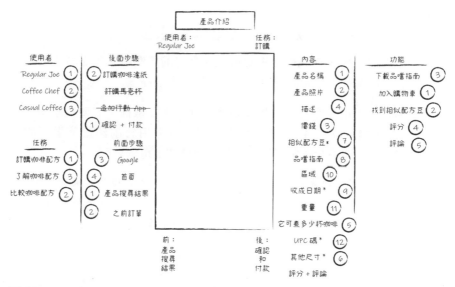

圖 18-16

從最重要到最不重要對每個功能進行排序

要開始排序，請詢問：

- 如果我們只能在此螢幕畫面上提供一項功能，那將是什麼？

參考使用者的故事，以幫助團隊進行先後排序。使用標準的排序問題來幫助排序功能：

- 此螢幕畫面上最常使用的是什麼功能？
- 此螢幕畫面上為使用者提供最大價值的是什麼功能？
- 什麼功能為組織提供最大價值？

完成排序後，你會知道什麼功能需要顯示在螢幕畫面上，以及什麼應該是最突顯的。

完成並移至草擬介面

現在，團隊已探索了介面的不可見部分和可見部分，是時候開始草繪了。

用 4 角做出線框、視覺稿、原型

在你坐下來建立線框、視覺稿或原型之前，使用 4 角思考主要使用者和情境背景，並排序內容和功能的優先順序。

你也可以用介面背後的故事做出的 4 角來為線框、模型和原型加註解（圖 18-17）。拼湊 4 角資訊，以描述你用於創建螢幕畫面的情境。對於產品介紹螢幕畫面，你可能會加上這個註解：

> 「客戶想決定是否購買這個咖啡。他們從產品搜尋結果看到這個咖啡，然後點擊連結進入產品介紹螢幕畫面。如果他們決定購買咖啡，則客戶點擊「加入購物車」按鈕。」

產品介紹畫面

使用者：
Regular Joe

其它：
Coffee Chef
Casual Coffee

任務：
選擇和訂購咖啡

其它：
比較配方
了解配方

前一步：
Organic search

後一步：
確認和付款

圖 18-17
你可以使用 4 角的故事來為線框、模型和原型註解，以描述介面背後的原因

記錄螢幕畫面的 4 角可以幫助團隊記住他們在創建螢幕畫面時所做的決定。

4 角不只能做出螢幕畫面

4 角是一種用於思考和建立任何類型介面的方法。到目前為止，雖然我以螢幕畫面為例，但這並不表示你不應該使用 4 角方法來思考其他情境下介面的可見和不可見部分。

4 角用於敏捷使用者故事

當你在說服敏捷開發團隊用使用者故事時，4 角清單可幫助團隊完整思考如何實現使用者故事。與線框、模型和原型一樣，用使用者故事寫下 4 角可幫助團隊記得關於如何實現使用者故事所做的關鍵決策和情境。

4 角用於跨管道設計

雖然範例使用基於螢幕畫面的介面，但是 4 角方法適用於任何種類的介面和任何種類的接觸點。可在設計電子郵件、硬體、擴增實境和語音系統時，使用 4 角。4 角提供了一個清單來思考任何類型的介面，而不僅適用螢幕畫面。

同樣地，在你 4 角上的前一步和下一步也不必是同一管道。前一步可以是電子郵件，而下一步可以是實體店。4 角可幫助你思考互動的背景情境，不管是在使用者的現在、前一個或下一個管道。

4 角用於服務設計

由於 4 角的彈性，其也可延伸應用於服務設計上。主要使用者成為演員，且可以在設計服務時應用為任何前或後台演員。畫服務時，請用其 4 角故事在每個接觸點註解，以記錄服務互動的情境。

4 角創建出共享、整體性視野的介面

我們不會在此處介紹如何繪製介面。繪製介面的方式取決於你要繪製的介面類型、當時的樣式和趨勢、以及你要支持的互動類型。你會知道如何去繪製。在做完 4 角之後，你已建立一個共享願景關於要做什麼和為什麼，且已提高了該產品將真的去做你要它做的事情的可能性。

在下一章中，我們將介紹幾種應用 4 角的方法和草圖，讓團隊集結並產生大量想法。

[19]

草繪介面的策略

在你開始製作介面之前，大量思考進行中。4 角畫布提供了一個方式，讓你和你的團隊在你製作介面之前一起思考。4 角將使用者中心思考融入設計流程中。思考完成後，你可以繼續進行介面製作。

不同的草繪活動為團隊提供了不同的優勢。我們將看以下三個特定活動：

- 群組草繪，以創建一個單一、共享的願景

- 個別草繪，以顯示群體中的多重觀點

- 6-8-5 草繪，以產生單一螢幕畫面的多重變化

這些活動中的每一項都可以幫助你的團隊或客戶草繪出介面模型。當你使用 4 角並在草圖上進行協作時，你的團隊將知道如何製作出更好的介面。如果此草圖延續你在 4 角上的思考（從上一章），請參考你和團隊剛討論過的主題。

活動：群組草繪以建構單一、共享的願景

當你與一個群組進行草圖繪製時，團隊將協作以草擬出單一個版本的螢幕畫面。當你認為主要問題不是介面的樣子，而是要得到所有人的同意時，這方式很有用。群組草繪創建了介面樣子的共同願景。使用協作路線圖讓團隊保持專注。從框架開始，促進草繪，最後完成草圖的最終版本。

制定

你將做什麼？	繪製介面
結果是什麼？	單一個介面草圖
為何這是重要的？	提供了一個草圖，讓我們可以與其他利害關係者進行確認並以此為基礎建構
你將如何進行？	繪製介面的排版，包括內容和功能

要制定群組草繪，請說：

> 「讓我們一起繪製介面草圖，以便我們有一個要建構什麼的初稿。牢記我們的 4 角，讓我們採用其中排序後的內容和功能清單並安排好畫面。」

促進群組草繪

空白畫布會嚇壞膽怯的團隊。先加上第一個部分作為討論之始。先繪製內容或功能中最重要的部分，以讓協作開始。加上第一個部分這個動作也向團隊展示要怎麼做、說明這是多麼容易、並提供了假想論點讓團隊可以對其做出回應。

對於我們的產品介紹螢幕畫面，你可能可以在螢幕畫面的左上方畫上產品圖像（圖 19-1）。邊畫邊講述你在做什麼。向團隊詢問：

> 「如果我們將產品圖片放在左上方會怎樣？」

當你將「圖片放在哪裡」作為一個問題而不是陳述時，你即向團隊示意，該想法是可以開放討論的。

避免關閉選項

凱洛管理學院的教授 Leigh Thompson 曾在 *Fast Company* 發表，提醒第一個想法如何冒著檔掉其他替代方案的風險 [1]。作為促進者，請勿將你的想法強加給群組。成功的協作展現群組想法的共識，不是你的想法的共識。

1　Greenfield, Rebecca。「Brainstorming Doesn't Work; Try This Technique Instead（腦力激盪行不通；請轉嘗試使用此技術。）」Fast Company，20 Jan. 2017. Web. 01 Mar. 2017.

邊進行邊問問題可以使討論保持開放，但這還不夠。人們（渴望取悅別人）相較於提出相衝突的想法，將傾向同意你的合理建議。用直接的問題來產出替代、相衝突的想法。對於產品圖片，你可以提出一些探索性問題，像是：

- 我們還能將圖片放在哪裡？

- 我們的競爭者把產品圖片放在哪裡？我們應該做一樣的還是選擇不同的？

- 如果把產品圖片放在左上方，會引起什麼問題？

- 如果我們沒有產品圖片怎麼辦？

- 不同的產品會有不同尺寸的圖片嗎？如果有影片怎麼辦？我們是否想以其他方式展示產品？

每個螢幕畫面的探索問題都會有所不同。每個介面透過不同的內容和功能，解決不同的使用者問題。推動團隊思考其他選項。

一個充滿不說話參與者的空間就像一張空畫布。人們猶豫是否先說話。成功的協作需要你包容所有人。如果空間太安靜，請直接向特定團隊成員提問。當直接被詢問時，團隊成員應作出回應。這將使活動由你個人引導變成兩個人對話。

如果第一位參與者同意得太快，則持相同的問題向另一位參與者提問。然而，如果每個人都意見一致，就有可能得到沒有效益的討論。繼續草繪介面的其它部分。

藉由弄錯來鼓勵參與

一位同事喜歡在好想法清單中隱藏一個不好的想法。這個不好的想法為參與者提供了一個容易且安全去回應和不同意的契機。

在產品介紹螢幕畫面上，把東西放在通常不會放的地方，或者提議將一些像按鈕之類的放在不常見的地方。像是你可以故意把「加入購物車」按鈕放在一個很長的螢幕畫面的最底端，並希望有人提議在螢幕畫面較上方顯示該按鈕。你也可以把第二或第三次要的行動呼籲放在比主要行動呼籲更突顯的地方。這將促使團隊成員大聲疾呼。

把手繪草圖的職責交給活躍的參與者

當討論順利進行時，想法、評論和回饋會流動迅速且激烈。當參與者提出較複雜的想法或評論時，請將麥克筆交給他們，以便他們能繪圖。你可以說：

> 「我不確定那是什麼樣子。你能幫我畫嗎？」

在每個人都感到包容和信任的團隊中，團隊成員將踴躍繪圖。鼓勵其他人盡可能地多畫。如果團隊成員拒絕拿麥克筆，請更有力地要求他們。說：

> 「這裡。畫出你所說的。」

讓別人幫忙草繪，因為你很忙

如果你仍無法讓參與者共同為草圖做出貢獻，讓他們因必要而接手。在草繪練習中，必須有人要去動手草繪。如果你拿著麥克筆站在白板旁，那麼你的團隊就沒有必要草繪任何東西。想辦法讓自己無法草繪以將此義務交付給他們。

要交出繪製的責任，請編造一個讓你遠離白板的理由。決定查找與當前討論相關的某事。找到最靠近白板的人，請他們在你忙碌時幫忙你。你可以說：

> 「你能幫我拿一下麥克筆嗎？我需要查一下東西。」

將麥克筆拿給他們。在社交上，很難不接受別人拿到你手上的東西。你的團隊成員將會接受麥克筆，然後你可以移到空間的後面。繼續促進討論，因此拿著麥克筆的人只需要去畫圖。

經常迭代

有些人可以隨時扔掉他們的初稿並重新開始。其他人則會死守這個寶貴的第一個想法。鼓勵團隊一遍又一遍地進行迭代。

當你迭代時，在第一個草圖畫上「x」，並在其旁邊開始另一個。草繪的速度意味著你可以在幾秒內開始和完成新草圖。建立頻繁迭代的模式，讓你的團隊得知它有多快速和簡便。

如果有其他人在草繪，請鼓勵他們草繪替代版本並進行迭代。

完成

在草繪好、討論完並迭代了介面排版之後，團隊已達成共識，請圍繞最終草圖結束對話。

如有必要，請創建整潔、乾淨的草圖版本，以使內容、功能和排版清晰可見。命名或描述那些關鍵的方框或曲線，這樣團隊就不會忘記。如果你使用的是 4 角畫布，請確保使用者、任務和其他資訊均清楚，並再次確認草圖的標題清楚。拍照或保存此文件，並儘快與所有人分享這個草圖。

提醒團隊成員，你將分享草圖，因此他們會知道可期待什麼：

> 「在完成後，我將立即保存並與所有人分享這個草圖。」

如果你要在一個時段繪製多個螢幕畫面的草圖，請在完成一個畫面後繼續下一個。你可以少則 10 分鐘內繪製、討論和迭代一個螢幕畫面。更複雜的螢幕畫面可能需要長達 30 分鐘的時間。大多數團隊可以在短短 30 分鐘的時間內完成使用者旅程中的多個螢幕畫面草圖。

群組草繪讓團隊在單一、共享願景的介面上保持一致。共享願景讓團隊不管是一起或分開工作，從概念到發佈的整個過程中，建立一個關於團隊如何談論和建立體驗的共同語言和理解。當你促進群組草繪活動時，共享願景可幫助你的團隊建立更好的體驗，而你幫助他們怎麼做到。

有時候，團隊還沒有準備好建立共同願景。團隊每個人腦海中可能浮現數個不同的、相互競爭的願景，或者可能在沒有評估所有選項的情況下選擇了方向。這就是在我的會議上發生的事情，參與者在會議上繪製 15 種不同版本的首頁。

活動：個別草繪以揭露相互競爭的觀點

儘管單一的介面方向將使團隊保持一致，但你可能還沒有為單一願景做好準備。團隊成員可能有相互競爭的想法需要進行討論，在你一致於單一方向之前。個別草繪可幫助團隊揭露和討論相互競爭的願景。如果你認為團隊過早決定於某方向，則個別草繪可以幫助團隊產生多個選項。在易有爭議的螢幕畫面（例如首頁和登錄畫面）上，因為團隊有不同的優先排序爭議，此時個別草繪特別有用。

要產生多個、相互競爭的版本，每個人都將個別繪製螢幕畫面，然後再與群組分享。

制定

你將做什麼？	識別出介面的多種替代方案
結果是什麼？	每一個參與者各有一個草圖
為何這是重要的？	幫助識別出相互競爭的想法以讓介面更好
你將如何進行？	每個參與者將繪製一個版本的螢幕畫面

對於個別草繪，你想產生許多不同的選項。為了實現這一目標，請盡可能少地提供活動的方向。不要引導參與者使用特定的解決方案，這會關閉選項。

為鼓勵每個團隊成員從各自的觀點產出選項，請他們用各自的觀點來草繪。對於產品介紹螢幕畫面，你可能說：

> 「讓我們草繪產品介紹螢幕畫面。每個人都有一張紙和一支筆，請繪出你所想的產品介紹螢幕畫面的樣子。」

當你專注於個別觀點時，你鼓勵各種不同的利害關係者群組專注於他們獨特的觀點上。

如果你要產生多個選項但你的團隊觀點相似時，請將該活動設計為專注於產生替代版本。對於產品介紹螢幕畫面，你可以說：

「讓我們盡可能地畫出產品介紹螢幕畫面的各種不同變化。這將幫助我們思考各種方式以改善介面。每個人花 3 分鐘勾勒出一個建構產品介紹螢幕畫面的不同方式。」

促進個別草繪

無論你如何進行個別草繪，都應以相同的方式進行。

分發材料並開始草繪

分給每位參與者 1 或 2 張空白紙張和一支筆或麥克筆。確保每個人都有他們參與所需的物資。說：

「每個人是否都有紙和可用來寫的東西？」

一旦每個人準備就緒後，重複制定中的說明，告訴團隊他們有多少時間，然後啟動計時器。對於產品介紹螢幕畫面，你可以說：

「我們將要花 3 分鐘，讓每個人都可以繪製產品介紹螢幕畫面。我現在開始計時。」

讓參與者順利進行

當每個人都開始繪製時，四處走動並確認每個參與者。看每個人的草圖。有些人馬上開始。有些人則在開始前先坐下思考。部分團隊成員需要釐清一些事。確認每一個人，以便那些有疑慮的參與者有機會私下提問。如果你發現有人看起來很困惑，請詢問他們是否有問題並幫助他們開始。

有些參與者會不確定什麼內容是可被允許的。他們擔心空白的畫布或繪出不對的。讓他們放心，只要是關於產品介紹螢幕畫面的他們就可以畫。

一些參與者將希望澄清一些事情，例如他們應該為手機還是電腦進行繪製。再說一次，任何都可。讓他們放心，他們可以畫任何東西。詢問以下問題，幫助他們做出選擇：「你想畫什麼？行動版還是電腦版？」

倒數計時

逼近的截止期限推動了團隊去開始所需的推動力。每分鐘過去時進行宣告。告訴大家還剩 2 分鐘、1 分鐘，30 秒和 10 秒。

倒數計時還可以幫助參與者將他們的個人草圖完成，因此活動結束時每個人都有草圖產出。當每個人都提供一個草圖時，你就是包含所有人並建立信任，這可支持以後的協作。

收集並分享個人草圖

當時間結束，宣佈時間到了，並收集每個人的草圖。說：

　　「時間到。完成你所做的，然後讓我們彼此分享所做的。」

理想狀況下，將每個草圖貼在牆上或放在桌子上，讓每個人都可以同時看到各個不同版本。讓每個參與者自己把自己的草圖貼在牆上，使每個人離開座位並四處走動以幫助對抗協作停滯。

強調並討論不同之處

雖然會有幾個看起來相似的草圖，但極少會有看起來完全相同的。個別草繪會產生螢幕畫面的各種替代想法，並強調出團隊中每個人的腦海中都有其獨特觀點和圖片的想法。得知每個人腦海中都有不同的想法，可說明協作和共同願景帶來的價值。

請團隊成員向群組展示他們自己的草圖。識別出普遍可見的功能。強調出差異處。通常，會有一些草圖與其他草圖完全不同。詢問畫那些草圖的人為何他們會以這種方式繪製螢幕畫面。確保每個草圖的說明時間在兩到三分鐘內。

完成

最終目標是每個人都同意的單一個螢幕畫面草圖。在你討論各種不同版本之後，引領進行群組草繪練習（本章前面的內容）以創建一個單一的、共享的願景。

活動：6-8-5 草繪以產出各種方向

個別草繪探索了廣泛的多種選擇。這有助於團隊避免在考量替代方案之前就去選擇單一個方向。但是，每個參與者在考慮可能的變化之前，可能就已經分別定好了方向。

為了幫助各個參與者擴展他們的思維，讓每個參與者都繪製多個版本。Adaptive Path 公司的 Todd Warfel 和 Russ Unger 都在推廣這種方法，有時稱為 6-8-5 草繪。在 6-8-5 草繪中，每個參與者在 5 分鐘內創建 6–8 個螢幕畫面變化。不用太關注這 5 分鐘的時間限制，而更多關注於每個參與者畫出的多種變化。

雖然個別草繪可以在多樣的利害關係者群體中發揮地很好，但是6-8-5 草繪提供了即使在同質群體中也可以探索各種變化的機會。

你可以在很多情況下使用 6-8-5 草繪，因為它只需要兩件事：

- 一些紙
- 可以用來寫的東西

準備材料

除了用來寫的東西外，還要一些額外準備工作。使用有 6–8 個分割區域的草繪工作表供使用者草繪，或是讓參與者自己折疊一張空白的紙來創建 8 個分割區域，以便分別在其中進行草繪：

1. 將紙張對折。這將使紙張分為兩部分。

2. 再次將紙張對折以分成四個部分。

3. 再一次將紙張折半，以分成八部分。

當參與者已有一個分割好的工作表或已折疊好他們的紙來創建分割部分時，你就可以開始進行 6-8-5 的練習：

1. 在頁面的左上方，寫下要繪製的螢幕畫面名稱。

2. 啟動計時器，給每個人 5 分鐘來繪製 6 至 8 個螢幕畫面版本。

3. 參與者在紙張的每個分割部分中畫一個螢幕畫面版本。

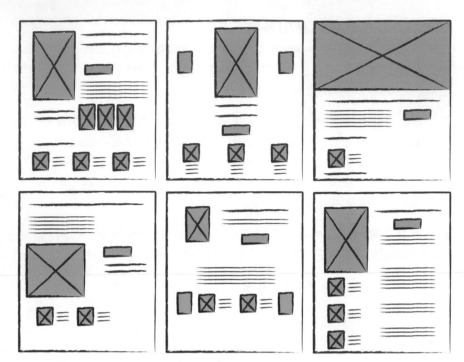

圖 19-1
你可以使用預先準備好的工作表進行 6-8-5 草圖繪製，或折疊任何空白紙張來創建自己的草圖工作表

制定

像其他草繪練習一樣，團隊應該已經對產品的使用者有所了解，也對產品的最終狀態願景有所了解。共同的願景限制了草圖。設置類似於團隊進行個別草繪時的框架。

你將做什麼？	識別出一個介面的多重替代方案
結果是什麼？	每一個參與者都產出 6–8 個草圖
為何這是重要的？	幫助識別出多個想法以使介面更好
你將如何進行？	每個參與者將草繪 6–8 個螢幕畫面版本

為了鼓勵每個團隊成員提供自己的觀點，請他們以自己觀點進行 6-8-5 草繪。對於產品介紹螢幕畫面，你可能會說：

> 「讓我們草繪產品介紹螢幕畫面。每個人都應該拿一張紙和一
> 支筆，以便每個人都可以畫出你認為產品介紹螢幕畫面應該是
> 什麼樣的六個不同版本的草圖。當我啟動計時器時，請在頁面
> 上繪製至少六個版本的產品介紹螢幕畫面。嘗試繪製盡可能多
> 的不同版本。」

如果有人問不同版本的意思，請說明不同版本代表的是，具有不同
的內容、排版、組織、策略或方法。

促進 6-8-5 草繪

倒數計時、分享並討論

像個別草繪一樣，倒數計時可以使每個人都按時進行，然後讓每個
人分享並討論他們的草圖。

為了分享和討論，請每個參與者向群組其他成員介紹他們所畫的 6-8
個變化。強調出相同點和相異處。幫助群組找到獨特的想法，而這
些獨特想法會成為使用者認為特別有用的內容或功能。

使用分組來限制分享時間

因為每個參與者都應該分享，所以 6-8-5 草圖最適合於 5-7 個參與者
時。如果參與者多於此 5-7 個，分享可能會花費太長時間，以至於
某些參與者將失去興趣。如果你有 8 個或更多的參與者，請將其分
成 4-5 人一組。參與者可以與其小組成員分享並討論他們的草圖。

在每個人與他們的小組分享他們的 6-8 個變化版本之後，讓小組一
起繪製一個螢幕畫面草圖，以便整合小組最佳思維繪製唯一一個螢
幕畫面出來。當每個小組都濃縮出一個螢幕畫面產出時，你可以讓
每個小組與全數小組分享這個螢幕畫面。就像個別草繪一樣，突顯
並討論不同之處。

完成

像個別草繪一樣，先依循 6-8-5 再進行群組草繪以創建出單一的、
共享願景的螢幕畫面。

草繪時其他要思考的事

無框架草繪

不管是個別草繪和 6-8-5 草繪都揭露一個介面的各種替代方案。為了鼓勵盡可能多的多樣性，可以很大概地畫螢幕畫面。例如，你要求每個人草繪產品介紹螢幕畫面，不用描述螢幕畫面上應顯示的內容或功能。

在沒有明確框架下，團隊成員可以較容易地憑藉他們自己的看法，來思考什麼內容和功能應該顯示、螢幕畫面如何排版、以及使用者如何與功能互動。給予團隊有大的自由度來設想介面如何作用，讓更多變化出現。

在沒有明確框架下，個別草繪和 6-8-5 草繪可以識別出大範圍各種可能的內容、功能、排版和互動模型。缺少明確框架的方式提供另一種生成內容和功能清單的替代方式，與你使用 4 角模型來進行的方式不同。

有框架草繪

個別產出回答了這個問題：介面應該包括什麼？但是，如果你已經認定介面應包括的內容，則可能只想回答以下問題：介面應如何顯示？

如果你只想生成介面顯示方式的變化，而不是介面應該包含內容的變化，則請使用 4 角進行有框架的草繪活動。既然已經認定好內容和功能，你的團隊將專注於生成排版的變化，以及使用者如何與內容和功能的互動。

在草繪之前，先問自己是否團隊需要在排版和互動保持一致，或者他們是否也需要在內容和功能保持一致。

合成多個變化

最終，團隊將只繪建構一個版本的產品介紹螢幕畫面，因此他們需要將數個變化合成到一個介面模型中。個別草繪和 6-8-5 草繪都會創建出單一介面的多個變化。群組草繪將使團隊一致於單一個介面草圖上。

如果小組無法決定單一版本，該怎麼辦？

有時候，群組已一致於單一版本的介面上。有時候，團隊成員在介面上存在分歧。知道你不同意和知道你同意一樣有價值。當團隊無法決定哪一個版本繼續做下去時，畫出競爭版本讓你能進行確認和測試。競爭版本的變化可以是在排版上、互動上或是兩者上皆不同。

當團隊無法選擇其中單一種方法時，這意味著他們對基本假設缺乏共識。當你創建競爭版本以確認時，團隊可以評估競爭版本的假設並一致於特定方向。

排版變化

若排版有變化，團隊無法決定內容和功能應出現在何處。在產品介紹螢幕畫面上，團隊可能會在產品圖像要顯示在螢幕畫面右上角還是左上角上產生歧異。或者，也許他們不同意「加入購物車」按鈕要靠近在螢幕畫面頂端還是底部。

在這兩種情況下，團隊都希望了解哪種排版最能幫助使用者完成任務並移到下一步。哪種排版最能幫助使用者決定購買產品？哪種排版最能幫助使用者將產品加到購物車？哪種排版對使用者最有用？

當你創建替代排版時，你可以評估哪種排版最有用。

互動變化

若互動有變化，團隊無法決定如何使介面最合用。如果使用者要從多個選項中進行選擇，是否讓使用者從下拉選單去選擇較合用？還是讓使用者從幾個選項按鈕去選擇一個較合用？即使兩個版本的排版相似，你還是可以確認每種互動（選擇框或選項按鈕），以決定哪種方法最合用。

信任他人會自己製作出介面來

當你與團隊一起進行 4 角數次後，你的團隊開始像設計師一樣思考。當他們處理螢幕畫面時，他們將會考慮使用者、任務、前一步和下一步。他們將在開始設計螢幕畫面之前，列出內容和功能並排序。他們將設計出更好的體驗，而你幫助他們做到。

向你的團隊介紹 4 角將會改變他們思考的方式。團隊對好的螢幕畫面設計有一個共同的願景，因此請信任你的團隊在沒有你的情況下創建自己的草圖和線框。相信他們所做的決定、他們所創建的設計，以及當他們需要專業知識或回饋時他們會彼此支援。

與其設計每個螢幕畫面，不如幫助團隊創建出更好的螢幕畫面。幫助團隊設計地更好。有幾種手法可以幫助你的團隊在沒有你的情況下設計地更好。

讓 4 角可輕易被取得

填寫表單比空泛的思考來的容易。讓 4 角的資料易於查找和使用。在公共區域中放一些工作表單。在團隊 Wiki 和專案網站上放上範本的連結。將 4 角工作表作為任務附件放在追蹤系統（例如 TFS 和 JIRA）上。當 4 角工作表單和清單更容易被找到和使用時，將會有更多的人找到並使用它們。

創建儀式

過往的十年來，每天晚上睡覺前，我和孩子們一起刷牙。我們一起進入洗手間，在牙刷上擠上牙膏，數到三，說開始，然後我們邊哼唱兩次 ABC 邊刷牙。每天晚上都如此。幾年前，我們在每晚的刷牙儀式中加上使用漱口水和牙線。

現在，如果孩子們自己刷牙，他們依然遵循相同的儀式。他們數數、說開始、邊刷邊哼兩遍 ABC，用牙線，然後最後用漱口水。

要使 4 角變成你團隊儀式的一部分，請在每個人都可以看到的地方自己先遵守。當你建立你自己的行為模式，其他人將知道如何做，以及多容易獲得好處。

解決團隊問題，不是設計問題

當你在介面上進行協作時，你的團隊會解決以下兩個基本問題之一：

- 團隊如何將多個願景整合為一個共同的願景？

- 團隊如何評估螢幕畫面成功？

當你在介面上進行協作時，你幫助團隊解決這些問題。當你與團隊一同建立介面時，協作可以識別並解決團隊自己都沒發現的明確問題。當你揭示並回答這些問題時，你就是在改善最終介面。而你的團隊成員將帶著這些所學，經歷整個體驗機過程。

透過 4 角和草繪，這個低保真草圖包含內容、功能和排版。但是，作為介面模型，這樣有限保真度的草圖妨礙你模擬出內容、功能、視覺設計和情境的能力。

草圖只能讓你模擬和測試這麼多。當你製作一個介面時，如果草圖無法讓你確認你想確認的內容怎麼辦？ 4 角和草繪提供了一種方式去思考並以特定的保真度去創建一個介面以回答特定問題。你怎麼知道何時要創建草圖而不是線框或原型？你如何做出對的介面？我們將在下一章弄清楚。

[20]

選擇適當的介面模型：
線框、構圖或原型

到目前為止，我們已經使用草圖製作出介面模型。你製作了模型，因此可以對其進行確認。換一種說法是：你製作介面模型來回答一個問題。而且因為草繪可以幫助團隊思考介面的三個可見部分（內容、功能和排版），因此換一種說法是：你製作草圖以回答有關內容、功能和排版的問題。

草圖是一種介面模型的類型，可以讓你提出某些問題，但這不是唯一的方法。你可用五種方式建立介面模型。要回答對的問題，請選擇可提供對的保真度的模型來回答對的問題。

五種類型的介面模型（和實際產品）

每當談論介面時，你不是在談論**實際**介面（例如實際產品）就是在談論介面**模型**（例如線框）。實際產品始終是實際產品。但是，你可用不同方式建立介面模型。總的來說，你有六種確認介面的方法：

- 文字敘述
- 草圖
- 線框
- 視覺稿（或視覺構圖 / 構圖）
- 原型
- 實際產品

每個介面模型都提供不同等級的保真度。了解五種類型的介面模型與實際產品的比較，可幫助你在與客戶和團隊合作時，選擇要進行思考 - 製作 - 確認的模型類型。

文字敘述

文字敘述是描述介面最快的方法。

想想你曾經合作過的最佳開發人員。現在，想像你們兩個都想為你的電子商務網站建構一個產品介紹螢幕畫面。想像你在走廊上遇到你最喜歡的開發人員，並談論了新的產品介紹畫面。你說到要有產品名稱、描述和產品圖片。當然，你也說到「加入購物車」按鈕。

在只有這些資訊下，你知道你設計介面所需的一切，且開發人員也有開始寫程式所需的一切。對於任何介面，談論內容和功能都是描述介面最快、最簡單的方法。在產品介紹畫面這個例子，你和你的開發人員好友輕鬆取得兩個清單。

對於內容，你識別出三項：

* 產品名稱

* 產品描述

* 產品圖片

對於功能，你識別出一項：

* 「加入購物車」按鈕

雖然文字敘述讓你描述出內容和功能，但是你和你最喜歡的開發人員各自對視覺設計和排版進行了假設。

草圖

你可以用文字敘述描述內容和功能。但草圖擴展了文字敘述所能及的內容和功能，更包含了排版（圖 20-1）。

圖 20-1
草圖顯示內容、功能和排版

想像一下你與最喜歡的開發人員討論的產品介紹畫面。走向乾淨白板，然後用藍色麥克筆畫出畫面。用線條代表文字，用帶有 X 的方框代表商品圖片，以及用方形代表「加入購物車」按鈕。透過繪製畫面草圖，你現在已經討論了內容、功能和排版。

雖然草圖提供了更多的資訊，但這只是排版的大致想法，你仍然必須想像出視覺設計。

線框圖

線框圖比你描述一個介面加上更多細節（圖 20-2）。除了內容、功能和大致排版外，你開始用真實細節替換沒清楚說明的版型假設。

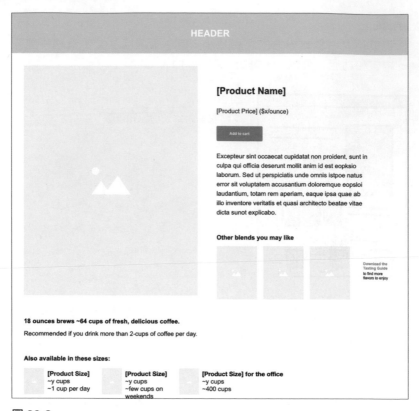

圖 20-2

線框將內容版型和數量加到功能和排版中

線框顯示出更多詳細資訊，包括有多少內容可以出現、內容字串的長度和格式、圖片的大小，以及其他細節。線框也包含有關排版的更準確資訊，以及更清晰的預設功能細節。「加入購物車」是大型按鈕還是小型按鈕？

視覺稿

視覺稿或視覺構圖，展示出使用者實際看到產品的樣子（圖 20-3）。視覺稿不是實際產品，但看起來像實際產品。視覺稿顯示出「構圖排版[1]」其中包括確切的顏色、間距、版式及照片和插圖樣式。

---

1   「Comprehensive Layout.（構圖排版）」Wikipedia. Wikimedia Foundation, 2 Feb. 2005. Web. 31 Dec. 2016.

GCC

ABOUT • COFFEE • LOCATIONS • MY ACCOUNT • HELP

HOME › COFFEE ›

Morning Deadline

$12.00 for 12 ounces of dark roasted coffee beans

Add to cart

Excepteur sint occaecat cupidatat non proident, sunt in culpa qui officia deserunt mollit anim id est eopksio laborum. Sed ut perspiciatis unde omnis istpoe natus error sit voluptatem accusantium doloremque eopsloi laudantium, totam rem aperiam, eaque ipsa quae ab illo inventore veritatis et quasi architecto beatae vitae dicta sunot explicabo.

Brews ~62 cups of fresh, delicious coffee. Recommended if you drink a couple cups of coffee per day.

Also available in these sizes:

You drink ~1 cup per day
6 ounces, brews ~30 cups

You drink a few cups on the weekend
4 ounces, brews ~20 cups

For the office
80 ounces, brews ~400 cups

圖 20-3
視覺稿顯示產品可能看起來的樣子

通常，視覺稿展示出線框的最終狀態。但是，像線框一樣，視覺稿僅間接表明螢幕畫面行為。當使用者點擊「加入購物車」按鈕時，你實際上看不到會發生什麼。

螢幕畫面截圖

與其他類型的介面模型不同，螢幕畫面截圖是實際產品的一個畫面，而不是介面模型。但是，由於它只是一個畫面，因此它提供的資訊與你在視覺稿中看到的相同。螢幕畫面截圖顯示出實際內容、其格式、字體、顏色和排版。

雖然螢幕畫面截圖看起來完全跟視覺稿一樣，但有一個重要的區別。視覺稿是介面的模型。而螢幕畫面截圖是實際介面的一個畫面[2]。

原型

原型加入真正的功能。除了知道螢幕畫面的內容、功能、排版和設計之外，原型還可以顯示使用者點擊「加入購物車」按鈕時發生的情況（圖 20-4）。使用者是否停留在產品介紹畫面上，並看到一個跳出視窗訊息，說明產品已加入購物車？使用者是否點擊後進入另一個畫面，其上可以看到他們的購物車內容？

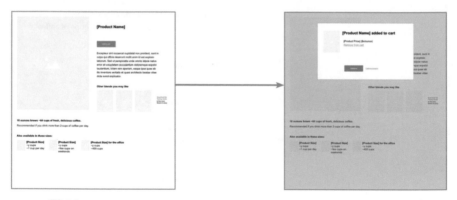

圖 20-4

原型讓你可以展示使用者與螢幕畫面互動時會發生的情況

2　在我經歷的每個專案中，實際介面的螢幕畫面截圖從未看起來跟介面模型的視覺稿一樣。有趣吧？

實際產品

實際產品不是介面模型。這是實際的介面。對於產品介紹畫面，你會看到真實內容和可操作的功能。你會看到產品介紹畫面的真實視覺設計，且可在真實的網路瀏覽器上看到該螢幕畫面。

這些討論介面的方式，說明了介面可以不同的保真度呈現。這些不同的保真度讓你的團隊回答不同的問題。

你如何知道要使用哪種介面模型？你要選擇提供對的保真度的模型。

五種介面保真度

當你與團隊和客戶一起設計介面時，你希望在對的事情上進行對的對話。對的保真度可以維持團隊的共同願景。保真度越高，你就越需要確保共同的願景，你還需要花費更長的時間製作某事物以便後續確認。較低保真度，你能越快迭代，但團隊共享較少願景。

五種調整你的模型保真度的方式：

- 內容保真度
- 功能保真度
- 排版保真度
- 視覺保真度
- 情境保真度

內容保真度

當你創建介面模型時，內容保真度說的是內容有多精確。當展示產品介紹草圖時，你是否用線條替代產品名稱？你寫的是「產品名稱」，還是寫的是真實產品的名稱？

視覺設計師經常在視覺稿中使用「亂數假文」，像是「Lorem ipsum…」。亂數假文的內容保真度低於真實的樣本內容（圖 20-5）。當視覺設計師使用亂數假文時，他們希望看到字體在視覺設計中的效果如何，字母是什麼無所謂。

如果你想確認標記是否清晰怎麼做？你可以在全是亂數假文的介面上評估標記嗎？可能不行。

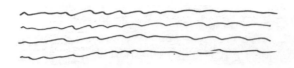

圖 20-5
內容保真度是指介面模型所顯示的內容精確度

Oluptam ut officab orestios ditem nonsequi beruptat. Vidio corem. Et quam faccaborem volecest, od et ulliquos ducil maximagnimus magnitiis quasi quatur simus re occus, quodit magnam aligenimaio quae numquias eaque et ullendit et que alignit lanimus modit landam .

From seven to twelve per cent, of the supply of coffee received in the United States comes from the northern part of South America, and is known as Maracaibo, Laguarya, or Porto Cabello coffee. It is grown either in Venezuela or the United States of Colomboa.

內容保真度分為三個等級：

- 內容類型
- 內容格式
- 實際或樣本內容

假設你與團隊一起草繪了產品介紹畫面。如果你在草圖上方草草寫上「產品名稱」，那麼你已經識別出將顯示的內容類型。

如果你談到產品名稱將是不超過 150 個字元的「文字」，則你已定義出內容格式。

又如果你寫的是「瓜地馬拉法式烘焙」，那麼你使用的是實際內容或樣本內容。

內容保真度等級	範例
內容類型（低）	產品名稱
內容格式	文字，最多 150 字元
實際或樣本內容（高）	瓜地馬拉法式烘焙

保真度讓你可以確認內容的不同問題。你想問內容是什麼？內容格式是什麼？還是確保介面可以搭配真實內容？

功能保真度

功能保真度說的是功能在介面模型上能運作的多好（圖 20-6）。連結是可用嗎？還是只是帶有下底線的藍色文字？你可以用手勢胡亂的表達事物如何動作，你也可以用動畫顯示。

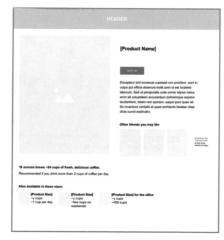

圖 20-6

功能保真度是指介面模型所顯示的功能精確度

像內容一樣，功能保真度分為三個等級：

- 功能類型
- 功能格式
- 實際或樣本功能

假設你與團隊一起繪製了產品介紹螢幕畫面。如果你草草寫上「加入購物車」，則你已識別出想要的功能類型。

如果你製作線框並加上一個寫上「加入購物車」按鈕，那麼你已定義功能格式為按鈕。（你可以改用連結。）

如果你創建出的原型，當你單擊「加入購物車」按鈕時會出現光箱特效，則你已演示了實際或樣本功能。

功能保真度等級	範例
功能類型（低）	加入購物車
功能格式	「加入購物車」按鈕
實際或樣本功能（高）	光箱特效出現

排版保真度

排版保真度說的是你的模型能多大程度演示介面的排版（圖 20-7）。你有一個大概排版的草圖嗎？或你正看著具有精確間距和定位的視覺稿？

圖 20-7

排版保真度說的是你的介面模型排版有多精確

排版保真度亦分為三個等級：

- 顯著或優先

- 相對位置

- 實際位置

當你使用 4 角對產品介紹畫面的內容清單進行優先排序時，你識別出每個元素的重要性，或它們應多如何被突顯在介面上。

當你與團隊一起繪製產品介紹畫面時，你將內容放到螢幕畫面上。你的排版說明了每個內容相對於其他內容如何出現。

又如果你創建一個完美畫素的視覺稿，你說明了每個內容的實際位置。

排版保真度等級	範例
顯著或優先（低）	優先排序內容清單
相對位置	內容排版的草圖
實際位置（高）	內容排版的視覺稿

視覺保真度

視覺保真度說的是介面模型與實際產品的相似程度（圖 20-8）。像所有保真度一樣，視覺保真度越高，人們越容易理解。你在職涯總會遇到：有些客戶在看到線框時就是無法「了解」。他們就是要看到一個視覺稿。

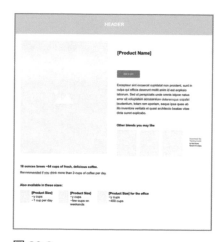 

圖 20-8
視覺保真度描述了介面模型與實際產品的相似程度

像內容、功能和排版一樣，視覺保真度也可分三種等級：

- 建議的視覺設計

- 相對的視覺設計

- 實際的視覺設計

如果你在電子郵件中描述產品介紹螢幕畫面，並提及其中將包含你的標誌，則你使用建議的視覺設計。

如果製作線框並使用公司標誌和品牌顏色，則你使用相對的視覺設計。

如果創建視覺稿並使用公司字體、顏色、標誌和間距，則你展示實際的視覺設計。

視覺保真度等級	範例
建議的視覺設計（低）	描述要加入標誌
相對的視覺設計	標誌和品牌顏色
實際的視覺設計（高）	標誌、顏色、字體、和間距

這些視覺保真度中的每一個，都為視覺設計的不同問題提供了答案。

情境保真度

情境保真度說的是人們將看到和使用該介面的情境（圖 20-9）。

假設你要測試網路 App 的可用性。你是否向使用者展示每個螢幕畫面的紙本列印輸出？還是讓他們在網路瀏覽器中點擊畫面？

相較於展示大量列印輸出，如果在終端使用者實際要互動的情境展示你的介面模型，則你的介面模型具有較高的情境保真度。

圖 20-9

當你向某人展示介面模型時，情境的準確性如何？他們是在紙上還是在智慧型手機上看行動 App？

你用三個等級描述情境保真度：

- 建議的情境
- 相對的情境
- 實際的情境

如果你說客戶將在其網路瀏覽器中使用產品介紹畫面，則你已建議了該畫面的情境。如果你做出與網路瀏覽器相同大小的線框，則你畫出了相對的情境。如果你在實際的網路瀏覽器中展示產品介紹畫面，則你展示的是該畫面實際的情境。如果你將硬體原型安裝在與真實世界類似的地方，則你正展示裝置的情境。

情境保真度等級	範例
建議的情境（低）	畫面在網路瀏覽器上的描述
相對的情境	用網路瀏覽器尺寸的產品介紹畫面線框
實際的情境（高）	在真實網路瀏覽器上的產品介紹畫面

情境保真度會影響你可以詢問，關於介面將如何被使用的問題類型。

三種製作介面模型的方法

你用來製作模型的工具，也控制著你介面模型的保真度。

文字敘述和草圖可以手作。你使用軟體來創建線框和視覺稿。原型和實際產品需要可運作的程式碼來接收和回應使用者互動。

你使用的工具	你可做出的模型
手	文字敘述和草圖
軟體	線框和視覺稿
程式碼	原型和實際產品

這並不表示你不能用軟體來寫文字敘述或繪製介面草圖。你可以用軟體來寫文字敘述或繪製介面草圖，但是沒有軟體就無法創建線框或視覺稿，沒有程式碼就無法建構原型或產品。

不同模型支援不同的介面保真度

要與你的團隊或客戶一起思考 - 製作 - 確認一個介面，你用以下兩個步驟進行：

1. 知道什麼問題是你想要受眾回答的。

2. 展示一個模型或實際介面，其中包含受眾去回答該問題所需的資訊。

不同類型的介面模型在各種等級支持不同類型的保真度（表 20-1）。

表 20-1　五種介面保真度的三種等級

	內容保真度	功能保真度	排版保真度	視覺保真度	情境的保真
低	內容類型	功能類型	顯著或優先	建議的設計	建議的情境
中	內容格式	功能格式	相對的排版	相對的設計	相對的情境
高	實際或樣本內容	實際功能	實際的排版	實際的設計	實際的情境

原型和實際產品的保真度

在所有確認介面的方式中，原型和產品展示最高可能的保真度，且花費最長時間去產出。原型和產品也提供最大的彈性，因為它們可以展示從低到高的任何範圍的保真度（表 20-2）。

表 20-2 原型和產品提供最大程度的保真度（橘色陰影區域），且製作時間較長

	內容保真度	功能保真度	排版保真度	視覺保真度	情境的保真
低	內容類型	功能類型	顯著或優先	建議的設計	建議的情境
中	內容格式	功能格式	相對的排版	相對的設計	相對的情境
高	實際或樣本內容	實際功能	實際的排版	實際的設計	實際的情境

草圖和文字敘述的保真度

與其他介面模型相比，原型和產品所需的創建時間要長得多。相反的，與創建原型或產品相比，你可以更快地手動創建像是文字敘述和草圖之類的介面模型。為了獲得這種速度，模型的保真度較低得多，並且你可以回答的問題較受限得多（表 20-3）。

表 20-3 文字敘述和草圖可在短時間內提供低保真度的（綠色陰影區域）

	內容保真度	功能保真度	排版保真度	視覺保真度	情境的保真
低	內容類型	功能類型	顯著或優先	建議的設計	建議的情境
中	內容格式	功能格式	相對的排版	相對的設計	相對的情境
高	實際或樣本內容	實際功能	實際的排版	實際的設計	實際的情境

線框和視覺稿的保真度

線框和模型在創建所需的時間與所提供的保真度間，處於一個甜蜜點。線框和視覺稿可讓你回答較多的問題並評估較多的假設，在較少的時間內。這種彈性和實用性，解釋了雖然原型或草圖已有如週期律的變化，但線框和模型為何還繼續被使用（表 20-4）。

表 20-4 線框和模型在短時間內提供了幾乎與原型和產品一樣高的保真度（藍色陰影區域）

	內容保真度	功能保真度	排版保真度	視覺保真度	情境的保真
低	內容類型	功能類型	顯著或優先	建議的設計	建議的情境
中	內容格式	功能格式	相對的排版	相對的設計	相對的情境
高	實際或樣本內容	實際功能	實際的排版	實際的設計	實際的情境

盡可能使用最低保真度以減少迭代所需時間

用建立模型所需的時間交換你能回答哪類問題。為了幫助體驗機盡快學習，請選擇你可以在最短時間內製作出來回答你團隊特定問題的模型。

你選擇的介面模型必須包含你進行思考 - 製作 - 確認所需的資訊。如果你要確認內容和功能，請不要花費大量時間來創建視覺稿。如果你想看某個動畫是否有意義，那麼線框就沒有用了。這種情況你必須使用原型。

當你選擇要使用的保真度時，請對要確認的問題使用最高保真度。同時，對其他所有內容使用盡可能低的保真度。優化保真度使模型快速產生出來，因此你可以快速進行迭代。

此外，如果你太早地展示出太高的保真度，則你可能引發分歧讓眼下的問題失焦。如果你想確認功能，但有人卡在你用的顏色上，那麼你可能會失去他們可能本來要說的關於功能的回饋。

因此，一切都取決於你要去回答的問題上。

不同介面模型能回答不同問題

你要去回答的問題，驅動你所需的保真度及你能使用的介面模型。
給他們一個介面，你的團隊能問幾乎無盡的問題。

下表的常見問題（表 20-5）可以幫助你決定要選擇哪種介面模型。
雖然清單中的問題永遠不會完備，但是該表包含了產品團隊會面臨
到的許多常見問題。選擇你要回答的問題，而該格子的顏色就代表
可支持該問題最快迭代的模型：綠色代表用草圖和文字描述、藍色
代表用線框和視覺稿、橘色代表用原型和產品。

表 20-5　不同的介面模型可以回答不同類型的產品問題。草圖和文字回
答許多問題（綠色陰影區域），但其他問題則需要線框或視覺稿（藍色區
域）、或原型和產品（橘色區域）

	內容保真	功能保真	排版保真	視覺保真	情境的保真
	我們應該有什麼內容？	我們應該有什麼功能？	我們應該有什麼排版？	什麼設計是我們應該要有的？	它會在什麼介面裡？
有用和可用性問題	內容是否支持組織目標？	功能是否支持組織目標？	排版是否支持組織目標？	設計是否支持組織目標？	介面是否支持組織目標？
	此內容有用嗎？是否支持使用者目標？	此功能有用嗎？是否支持使用者目標？	此排版有用嗎？是否支持使用者目標？	此設計有用嗎？是否支持使用者目標？	此介面有用嗎？是否支持使用者目標？
	內容應採用哪種格式？	我們應該使用哪種類型的互動？		視覺設計應採用哪種格式？	
	我們應該 / 將會有哪些內容變化？	我們應該 / 將會有哪些功能變化？	我們應該會有哪些排版變化？	我們應該 / 將會有哪些設計變化？	我們應該會有哪些介面變化？
	我們應該如何放置內容？	我們應該如何放置功能？		設計應如何影響排版？	介面應如何影響排版？

	內容保真	功能保真	排版保真	視覺保真	情境的保真
	這種類型的樣本 / 實際內容可以在這種排版中行得通嗎？	功能在這種排版中行得通嗎？		設計在這種排版中行得通嗎？	
	內容在此介面中將行得通嗎？	功能在此介面中將行得通嗎？	排版在此介面中將行得通嗎？	設計在此介面中將行得通嗎？	
	這個內容合用嗎？	這個功能合用嗎？	這個排版合用嗎？	這個設計合用嗎？	這個介面合用嗎？
可創造性問題	這些內容從何而來？	誰可以建構此功能？	誰可以建構此排版？	誰可以建構 / 創建此設計？	
	此排版需要哪些整合？	此功能需要哪些整合？		此設計需要哪些流程整合？	
可維持性問題	誰來維護此內容？	誰來維護此功能？	誰來維護此排版？	誰來維護此設計？	
可學習和優化性問題	什麼內容是我們應該測量的？	什麼功能是我們應該測量的？			
	我們應該個人化什麼內容？	我們應該個人化什麼功能？	我們應該個人化排版嗎？	我們應該個人化設計嗎？	
	客戶是否如預期看完內容？	客戶是否如預期使用功能？		視覺設計是否與品牌相符？	
UAT / 測試問題	內容是否正確在介面上顯示？	功能是否正確在介面上正確執行？	介面上的排版顯示正確嗎？	介面上的視覺設計顯示正確嗎？	

為你的受眾調整保真度

回顧第二章，我們談到你的受眾和管道如何影響你製作模型的保真度。一般來說，受眾距離越遠，你模型中所需的保真度就越高（圖20-10）。

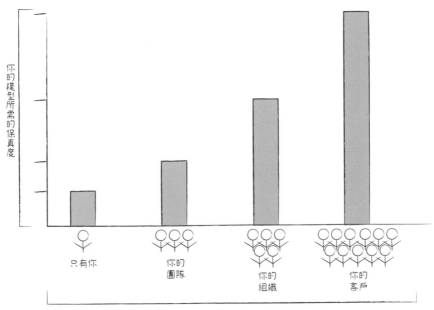

圖 20-10
你的受眾越遠，你模型中所需的保真度就越高

距離較遠的受眾需要較高的保真度，是因為他們對團隊的願景所知
較少。與 CEO 相比，你的團隊所知願景較多，因為你和你的團隊每
天都在交談，而與 CEO 的溝通頻率較低。

不明言的、隱含的和明確的資訊

經驗上來說，你可以與自己和你的團隊分享低保真度介面模型。當
你與組織分享時，則模型必須具有中等保真度，而與使用者分享
時，則你應以高保真度為目標（表 20-6）。

表 20-6 當你確認介面模型時，受眾和最低所使用的保真度

	你自己或你的團隊	你的組織	使用者
低保真度	是	否	否
中保真度		是	否
高保真度			是

實務上，對於你想問的問題，如果這些受眾已經掌握了回答所需的資訊，則你可以降低展示給這些特定受眾的保真度。

假設你要詢問某人是否同意產品介紹畫面上的內容。如果這個人在你的團隊中，而且你們已經一起完成了 4 角，那麼他會知道什麼內容是你想要放入的。但假設你向 CEO 詢問螢幕畫面內容。他們怎麼會知道你想放什麼？當你依受眾調整保真度時，你即在確保 CEO 對產品介紹畫面上的內容有足夠了解，以同意或不同意你的設計。

以下三種資訊是你的受眾可能會有或可能不會有的：

默示的資訊

無需提示即可理解的資訊

不明言的資訊

暗示的資訊，儘管未陳述出

明確的資訊

特別陳述出的資訊

明確的資訊

明確的資訊是最容易理解的，因為它就是所有特別陳述出的內容。如果你在螢幕畫面上看到寫著「查看我的個人資料頁面」，則該文字明確說明當你點擊它時會發生什麼事（圖 20-11）。

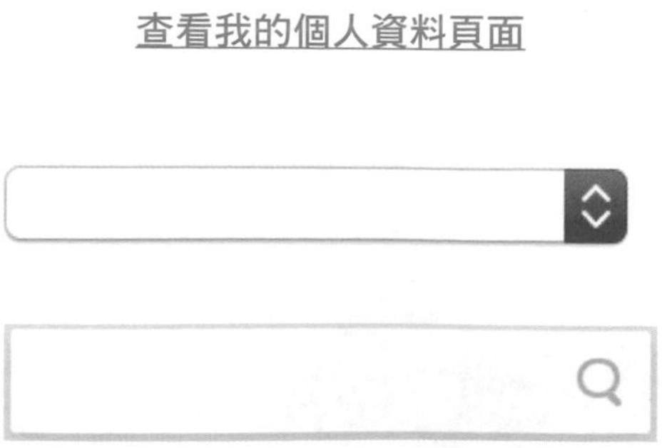

查看我的個人資料頁面

圖 20-11
明確的資訊是介面上明確陳述的任何內容

不明言的資訊

不明言資訊是指受眾在看到你的介面模型時可明白的資訊。如果你的線框帶有下拉式選單圖示，則大多數人將會知道，當他們選擇這個下拉選單圖示時，會看到可供選擇的選項清單。

默示的資訊／默契

團隊依靠默示的資訊生活。這是所有你和你的團隊成員才知道的事情，因為你們一直一起工作。默示的理解幾乎是你團隊的文化。當你看到文字輸入框旁邊有一個放大鏡時，你可能知道這是一個搜尋區。介面模型中沒有任何內容告訴你這是一個搜尋區，放大鏡本身也沒寫著「搜尋」。

如果 CEO 知道頂端的彎曲的線是產品名稱，而線條是產品說明，則你可以跟 CEO 一起確認草圖中的內容。但是，如果他們可能不理解彎曲的線和線條，則你需要讓介面更清楚。

闡明保真度以設定期望

為了 ·個電子商務網站，我向滿室的高階經理人簡報一個線框。會議室變得安靜，然後 CTO 說話了。「這真糟糕。網站不能全是灰色。」我想與他們確認內容、功能和排版，而我的受眾想確認視覺設計。

不是花費更多時間來創建更高保真度的介面模型，就是先設定他們對模型的期望，期望指的是模型會包含什麼及不包含什麼（兩者同樣重要）（圖 20-12）。對於 CTO，我應該先跟他說明清楚，我希望他確認內容、功能和排版，且這個線框不會顯示最終的視覺設計。

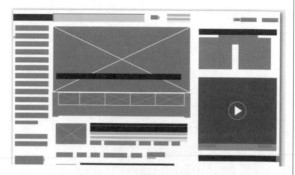

About Wireframes

A diagram that is like a whiteboard drawing of a screen that illustrates what types of content will live on the screen, and how the content is laid out.

Wireframes are most useful during the Architecture phase where we use them to make sure the user can complete their tasks on each screen. Wireframe reveal what content and functionality are required.

Wireframes do not represent how the site or application will look when it is delivered.

To illustrate how the site or application will look when it launches, the Visual Designer creates a *Visual Comp.*

圖 20-12

設定期望以與受眾分享默示的資訊，以便他們可以回答你想要的問題

當你設定期望時，它會產生對模型默示的了解，從而為受眾提供他們回答問題所需的其他資訊。

使用註釋以彌補低保真度

你可以在不提高保真度的情況下提供有關介面的更多資訊。註釋提供了明確的資訊，而無需對模型進行任何更改。如果你想問 CEO 關於產品介紹草圖上的內容，又你擔心她不知道那些彎曲的線是代表什麼，則你可以加上一個註釋，寫上「產品名稱」。

註釋可以將明確的資訊加到模型的任何地方。註釋內容、功能、排版、視覺設計或情境。設計師在線框上加上規格註解，以描述你僅會在原型或實際產品中看到的資訊（圖 20-13）。

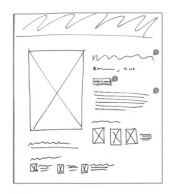

圖 20-13
線框規格使用註釋來描述功能，如果沒有這麼做，則功能需要用原型或實際產品才能被理解

設定期望並使用註釋來克服距離、時間和觸及範圍

設定期望並加上註釋以克服距離、時間和觸及的影響。被距離和時間分隔的團隊成員，將永遠不會像同一地點的團隊成員那樣具有相同的默契，因此要設定期望並加上註釋以進行更好地協作。

在介面模型中加上澄清註解，以減少誤解和不必要的擾動，這些都會讓迭代變慢。最終，你有責任確保你的受眾了解他們在看什麼，並擁有回答你的問題所需的資訊

一如往常，在追求速度和清楚溝通之間取得平衡。取得對的平衡[3]，而你將幫助你的團隊學習更多和更快[4]，你的體驗機將發佈更好的產品。

3　我愛 Depeche Mode.（譯註：Get the balance right（取得對的平衡）是 Depeche Mode 樂團的一首歌曲）
4　和 KMFDM（譯註：more and faster（更多和更快）是 KMFDM 樂團的一首歌曲）

[*VI*]

確認

確認似乎只在最後出現，但確認其實是個開端。確認讓你和你的團隊評估你所想和所做，以便你可以產出更多更好的想法和做法。此部分仔細來看思考-製作-確認中的確認，以及如何去架構和促進與團隊成員、同事和客戶一起確認，以便你可以產生良好、有用的回饋，再將其納入思考-製作-確認流程中。

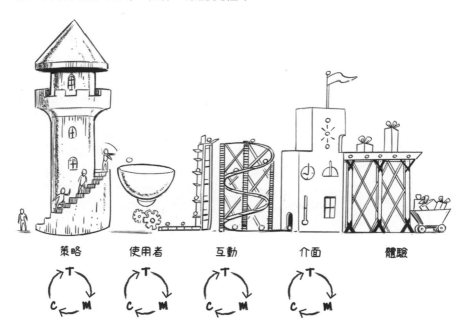

[21]

確認（和平衡）

我將本章留在最後。我差點無法完成它。我花了所有的時間和精力思考和編寫本書的其餘部分，而現在我沒有足夠的時間好好地來說明這一章。

諷刺的是，這反映了現實生活。你花時間思考東西和製作東西，但花極少的時間確認東西。

如果你進行文獻調查（或即使翻閱本書），會發現絕大部分都是在思考東西和製作東西。但請記得我們的模型：思考 - 製作 - 確認（圖21-1）。確認同思考和製作一樣重要，且模型是一個循環。你思考所以你知道要製作什麼；你製作所以有東西可以去確認；你確認所以獲得回饋再去思考。思考 - 製作 - 確認創造了一個正向循環，其中確認提供了燃料，能為後續的思考和製作去燃燒出更好的事物。

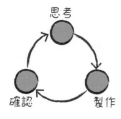

圖 21-1
思考 - 製作 - 確認創建了一個正向循環，每次迭代都使你越來越了解產品及其使用者

思考和製作的變化多於確認。你如何思考使用者與你如何思考互動不同。你如何製作互動與你如何製作介面不同。相對的，你始終以相同的方式確認所有事情。確認依照相同的模式進行，不管你要確認的是什麼。

在本章中，你將知道如何接收和管理回饋、如何處理混蛋、最重要的是，如何思考確認，以便你和你的團隊更快、更了解你的產品及其使用者。你也將了解如何用制定 - 促進 - 完成作為你確認的架構，因此你可回答出你需要回答的問題並在對的時間收到對的回饋。

確認從完成開始

每個協作活動都經歷相同的三個階段：制定 - 促進 - 完成。確認也是依照同樣模式，且為了要計劃出確認，你要從你心中的終點開始，從完成做起。所以，要計劃出一個好的確認，你需要識別出你想要讓受眾回答的問題。這個問題是什麼？

通常，團隊會要求就他們已做出的東西提供回饋。這是當你思考 - 製作 - 確認時常見的情況。但是，還有很多其他東西你可以去確認。

仔細確認思考 - 製作 - 確認中的每個步驟

思考 - 製作 - 確認建議你確認自己所製作的模型。也就是說，你要思考使用者、製作出使用者模型、然後與你的團隊一起確認該模型。然而，思考 - 製作 - 確認隱藏著與團隊間和與他人更緊密協作的機會。你可以確認每一個步驟。思考後確認、製作後確認，及確認後確認（圖 21-2）。

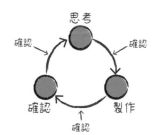

圖 21-2
你可以在思考 - 製作 - 確認過程
的每個步驟中進行檢查

你可以在思考 - 製作 - 確認模型的每個步驟之後就進行確認，因為每個步驟都有自己的輸入和輸出（表 21-1）。在你思考之前，你需要觀察（用來思考的事）。你思考它們以創建出分析結果。你使用這個關於使用者、互動或介面的分析結果來製作模型，然後你確認模型以收集觀察（圖 21-3）。

表 21-1 　思考-製作-確認循環，以及每個階段的輸入和輸出

	思考	製作	確認
輸入	觀察	分析	模型
轉換	思考觀察	製作一個模型	確認一個模型
輸出	對一個模型的分析	一個即將被確認的模型	觀察以用來思考

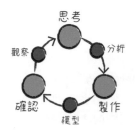

圖 21-3
在思考-製作-確認中，每個階段都會創建一個輸出，作為下一階段的輸入

這個流程也發生於當你設計介面時。你思考對於使用者及其需求的看法。你的分析建議你採用某種介面。你可以確認那個分析，也可以製作那個介面。因此，你打開你喜歡的軟體並創建出一個螢幕畫面。你希望與你的使用者一起確認這個螢幕畫面，但是在做這件事之前，你可以與你的團隊一起確認這個螢幕畫面，以確保所有人都參與其中。

確認你所做的及如何做的

思考-製作-確認流程的每個步驟都會創建出各自的輸出，你可以在繼續下一步之前確認該輸出。你無需確認思考-製作-確認流程的每個步驟，但是當需要時，你可以去確認。

更繁複一點，你可以為每個輸出確認兩件事。第一，你可以確認你所做的。第二，你可以確認你是如何做的。想像這是一個數學問題。你拿到這個數學問題，你嘗試解答，並寫下答案。當然，你可以確認答案是否正確，也可以確認過程中你是否使用正確的方法來得出答案（表 21-2）。

表 21-2　思考 - 製作 - 確認循環，並確認每個階段的輸出

	思考	製作	確認
輸出	對一個模型的分析	一個要確認的模型	觀察以用來思考
確認你所做的	分析是對的嗎？	模型是對的嗎？	觀察是對的嗎？
確認你如何做的	我們分析的方式是對的嗎？	我們做模型的方式是對的嗎？	我們是否跟對的人確認對的模型？

結果會發現你有很多東西可以去確認，從團隊工作中最關鍵的結果，到次要或微不足道的想法。

因此，請後退冷靜一下。重要要記得的是：盡可能頻繁的進行有用的確認，對你自己、你的團隊、你的組織和你的使用者。而且你不只能確認使用者、互動或介面模型。你可以確認任何步驟的輸入或輸出。

識別出你想確認什麼，所以你知道確認最後要以什麼結束，然後就是時候制定確認，如此一來你的受眾有他們所需的情境來提供給你所需的回饋。

制定確認

對於確認，其制定的作業方式跟我們其他任何合作的活動相同。對於每個確認，回答四個問題：

- 我們在做什麼？
- 我們為什麼要這樣做？
- 我們將如何做？
- 它為何重要？

因此，如果你想與團隊一起確認使用者旅程，你可以下面方式去制定：

你將做什麼？	確認一個使用者模型
結果是什麼？	要對模型進行變更的一個改變清單
為何這是重要的？	確保團隊在單一使用者願景上保持一致
你將如何進行？	審視關鍵使用者屬性

如果你想對使用者模型制定一個確認，可以說：

> 「讓我們審視一下人物誌，以確保我們同意我們之前描述使用者的方式。我們將審視關鍵使用者屬性，並收集所有回饋和變化。」

當你用這種方式制定確認時，你的受眾會了解他們正在做什麼、為什麼這是重要的，以及結果將會是什麼。但是，確認事物的人需要一些其他的情境資訊。他們可能不熟悉你是如何到達現在階段的。確認招來兩個其他問題：

- 我們在流程的哪個階段？
- 我們是如何到達現在階段的？

我們在流程的哪個階段？

參與者想知道你在流程中所處的階段，因此他們理解自己看到的是什麼內容，也理解自己要提供什麼樣的回饋。當你告訴參與者你在流程中的哪個階段時，也是在說明為什麼你想要回饋。你是在流程的開始，並正審查某些概念及未完成的事嗎？還是你在流程的最後，正審查關於即將運送給 500 萬個客戶的東西？

當參與者了解你在流程的哪個階段時，他們可以調整是要提供更具方向性的回饋還是更具體的回饋。如果你快要發行一個新 app，你此時不會想要是否加入某核心功能的回饋。此時你企望有適合度和完成度的回饋。相反的，如果你展示初期草圖，則評論拼字和排版是無用的，此時核心概念的討論才能提供真正的價值。

我們是如何到達現在階段的？

如果你不告訴參加者你已做到哪個階段，那麼他們很多的回饋可能會是你已談過及你已做過的。例如，當你展示人物誌時，參與者可能會說要去做使用者調查。如果你尚未進行任何調查，那這是很好的回饋。但是，如果你已經可以展示人物誌，你多半已經進行過使用者調查。

省掉一些確認過程中的來來回回，直接告訴參與者你到達現在階段的方法。說明你已做過哪些步驟才到達現在階段。你跟誰談過？你做過什麼？你使用了哪些輸入？你查看了哪些背景資訊？還有誰看過此資料？你考慮了什麼？還是你不考慮什麼和為什麼？

當你提供這些額外情境背景資訊給你的參與者時，你預先回答一些常見問題，幫助你充分利用與參與者討論的時間，並增加你得到所企望的回饋的可能性。

非正式確認可以用口語進行

確認不見得需要變成一件正式的事。確認應該要很容易，你才會無時無刻地進行確認，出於習慣，當有機會時即本能地進行。如果有團隊成員經過，請抓住他們確認你正在做的事情。在這種情況下，以口語形式制定確認。

提供完整的框架：你希望他們做什麼、結果是什麼、為什麼這是重要的，以及你將如何做？然後，在收集回饋之前，分享其他情境資訊關於你在流程的哪個階段，以及你是如何到達現階段的。

正式確認需要輔助文件

對於正式檢查，寫下要確認的框架和情境先分享給參與者，再讓他們看你想要他們確認的東西。常見作法是，你將框架和情境作成投影片進行簡報分享。例如，如果你要審視人物誌的早期草圖，則可以用兩張投影片分享該框架：

- 一張投影片是關於框架的（圖 21-4）

- 一張投影片是顯示了你在流程的哪個階段及如何到達的（圖 21-5）

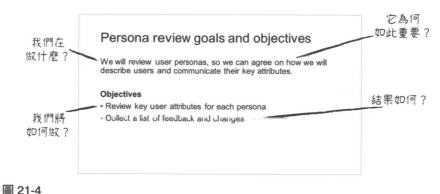

圖 21-4

你可以在一張簡報投影片中分享框架以進行正式確認

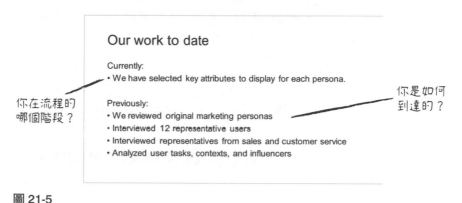

圖 21-5

你在流程的哪個階段及你是如何到達的可以放在一張投影片上

這兩張投影片提供給受眾和參與者他們所需的背景資訊，以提供你良好回饋。如果你沒有同步分享資料，請另外分享確認用的制定框架、情境和材料。

讓確認的準備工作變得容易

即使團隊聚焦在思考和製作，但確認同樣重要，且需要有意的去準備。但是，如果準備時間太長或太困難，則很難確保團隊做好準備。讓準備工作變得容易。「浪費時間」與「透過思考 - 製作 - 確認成功迭代」之間的差異就是是否有良好的確認。

將制定框架和情境投影片加到你簡報範本的開頭。如果你分享的是詳細文件，請在文件的開頭加上制定框架和情境的頁面。

 在網站上查找範本、框架素材和遠端資源：
http://pxd.gd/check

促進確認

在你已適當地制定出確認，並提供其他情境資訊後，就是時候促進確認了。展示你要確認的內容，然後重述你要他們回答的問題。在我們的範例中，你將展示人物誌。

不要忘記重述問題。如果你展示人物誌，人們可以評論屬性群組、個別屬性、屬性值、設計、人物誌的名稱、圖像、排版、顏色或版型。你希望參與者在哪方面評論？如果要他們評論屬性及其值，請重新陳述問題，以便他們記得：

> 「在這個人物誌上，我們是否傳達了正確的屬性以幫助團隊設計產品？」

在你重述問題後，請深入探討你要確認的內容。描述它、展示它、示範它，不管是什麼。深入探討。

一些團隊可能想要一些其他資訊。隨時提供更多背景資訊。例如，如果你在展示模型，請說明引領你做出此模型的分析。如果你展示從其他確認中收集的觀察（例如可用性測試），請說明那時候你用於確認的模型。如果你正查看分析，請說明那些構成基礎的觀察。

然後重述問題。再繼續重述問題。有太多可以說，且有太多事你可以得到回饋。繼續將討論集中在眼前的問題上，以確保你獲得你所需的回饋。

捕獲回饋

收集回饋不僅只是寫下要變更的事情清單或做筆記。好的回饋收集體現良好的協作行為，因此你表明自己信任每個人的回饋並包容所有人在內。

問問題，尤其是當你不同意時

當有人提供回饋時，問問題以釐清他們的意思。釐清的問題，可以幫助你確切地了解回饋如何實施，表明你正傾聽，並充分信任參與者的回饋，可以真正地關注和理解。例如，如果有人在檢查人物誌時建議更改名稱，請詢問為什麼。現在的名稱有什麼問題？你要藉由更改名稱來達成什麼？你的目標是了解回饋背後的原因。

最重要的是，除非你已追問了解回饋背後的原因，否則不要說你不同意。很有可能，你將同意其背後的原因，因此你們可以就應更改的內容努力達成共識。如果，在討論原因之後，你還是不同意，那麼你有機會幫助雙方達成一致或同意彼此意見不同。

覆述回饋給參與者

當你了解回饋後，覆述給回饋提供者，以便他們驗證你正確的理解其回饋。例如，在了解為什麼要更改名稱之後，你可以覆述回饋：「把名稱更改為較不是通稱的，讓人物誌看起來較真實。」

讓收集回饋可見

如果你希望團隊花時間在提供回饋上，請以讓人看得見的方式收集回饋，以便他們可以清楚地看到你在傾聽。可以採用可見筆記的形式，也可以在團隊觀看時進行即時編輯。

對於面對面的確認，請將回饋寫在每個人都可以看到的白板或畫架紙上。對於遠端確認，你可以將原本要確認事項的分享畫面，換成你正在打回饋紀錄文字的畫面，這樣每個人都可以看到已收集到的回饋。

收集回饋的方式與你覆述給參與者的方式相同。

當你同意，肯定並覆述回饋

當有人說了你不同意或不理解的內容時，請重複一遍並提出問題以理解。當有人說了你同意的內容時，請確保你也說出來。如果你在談論其他事情之前，不花時間告訴他們你也同意，他們將認為你不同意或不理解，並會繼續給你同樣的回饋。他們想確保你有在聽。

你不能只說「是」。在我的經驗裡，「是」並不表示你有聽到回饋且你同意。你需要表達明確，說出類似「是的，我同意」。你不能對所有內容都說「是的，我同意」，聽起來像機器人似的，你的回應應該要有所變化。你可能聽說過其他人使用以下常見變化：

- 是的，我同意
- 我 100％同意
- 這真是一個很好的觀點
- 在這點上我完全支持你
- 我們是一致的
- 讓我在這點上「加一」

當你明確表示你的同意時，它將使發言者確信你確實同意，並且當你覆述回饋意見時，這也表明你理解他們所說的。

當你幾乎同意時，肯定並延伸

有時你幾乎同意某人。在這種情況下，請專注於你同意的地方，並嘗試延伸討論範圍以解決你不同意的地方。肯定並延伸的最簡單方法是這句「是的，且⋯」。這肯定了發言者所說的內容，並讓你延伸討論範圍以探索你不同意之處。

與「是的，我同意」一樣，有幾個有用的變化你能用來肯定並延伸：

- 是的，且讓我們進一步探討
- 是的，且讓我們更深入一點
- 是的，且讓我們點進去看看

當你要肯定並延伸時，將該請求用陳述句而不是用問句。當你想深入一點討論時，一個問題的出現會讓其他人完全停止對話。

不要有「但是」

這些策略依靠肯定來凝聚團隊成員之間的信任。為讓我們聚焦在肯定上,請避免使用「但是」一詞。「但是」表示不同意,是肯定的反義。與其說「但是」,不如養成說「是的,且」或「且」的習慣,又或者如果你必須站在對立面,就開始一個新句子即可。永遠不要說「但是」。

與進行確認的所有人對話

良好的協作包含每個人在內,因此請確保你在確認期間有要求每位參與者都提供回饋。此時的討論應該要提出任何、所有關於確認事項的問題。在確認即將結束時,詢問會議室裡是否還有其他回饋或遺漏任何內容。

如果有人太安靜,請直接問他們。如果有人埋首在其筆電中,請直接叫他的名字。你現在希望得到會議室中所有人對於你們討論過的所有回饋的明確同意。現在,口語一致同意將減少之後的不確定性。

讓所有人放心這不是最後的陳述,並說明之後如果他們有任何其他回饋要如何提供給你。通常,導引他們寄電子郵件給你或在系統上提出問題。

當無生產力時暫緩討論

每當確認開始沒有生產力,暫緩進一步討論,以便你可以改正問題後再重新召開會議,不要浪費大家的時間。可能導致討論無效的三個主要原因包括:

- 你沒有找到所需的人員或觀點
- 你要確認的不是受眾所期望的
- 你要確認的內容明顯有誤

如果對的人沒有參加確認,請盡快結束並重新安排時間。繼續下去會浪費時間。結束會議,以便你可以按照所有人的可行時間重新安排下次會議。

如果你要確認的東西不對，你也會想重新安排時間。例如，如果你想確認草圖中的大概功能想法，而你的團隊卻希望確認線框圖中的排版和內容，則可能要結束會議並重新安排時間。如果你還是想確認草圖中的某些內容，則請繼續。但是，如果團隊信任你，並準備好確認某較高保真的，請儘早結束，當你有對的東西可以確認時，再重新安排時間。

同樣的，當你有對的東西但內容不對，你也應該暫緩討論並重新安排時間。例如，假設你要確認一份根據調查資料建構出的使用者檔案。在會議開始時，你發現調查資料不好。此時繼續確認這個不好的個人資料是沒有用的。這可能是錯的。這時請停止確認，調整後再開會。

在上述情況中，你都是在尊重團隊成員的時間。確認是協作中很重要的一部分，但尊重，尤其是尊重人們的時間，是協作的基礎。當確認停止有生產力時，請停止確認。

將回饋轉成「金」

確認會讓你感到恐懼，是因為你的團隊可能會不同意你的意見。他們可能會認為你錯了，你的分析是錯的，你的想法是不對的。負面回饋感覺就像收到拒絕一樣。但是在一個協作團隊中，這不再只與你有關。在協作團隊中，回饋只與學習有關。對於現代產品而言，沒有所謂完成，總會有另一個版本，團隊只是進行一次迭代，而團隊只有在了解到有關使用者或產品的新知識時，才能向前邁進。

在協作團隊中，在現代團隊中，確認始終與團隊有關。當你想到確認時，不要只想「我」，而要想「我們」。

從「我」到「我們」

在「Teaching Smart People How to Learn」[1] 一書中，Chris Argyris 介紹了「防禦型學習者（defensive learner）」的概念。Argyris 認為，許多人從防禦型學習者的角度來處理所獲得的回饋。當防禦型學習者收到回饋時，他們會以下面四種策略做出回應：

1　Chris Argyris。「Teaching Smart People How to Learn（暫譯：教聰明的人如何學習）」。《哈佛商業評論》，1991 年 5 月–6 月。

- 保持控制

- 最大化「贏」且最小化「輸」

- 壓抑負面情緒

- 定義明確的目標並評估它們是否實現了這些目標

防禦型學習者花費較多精力來避免尷尬、犯錯、或感到無能，而相對花費較少在學習上。正如 Argyris 所說的那樣，「防禦型的推論決策過程，鼓勵個人將構成其行為的前提、推理和結論保持不公開，並避免被真正獨立、客觀的方式測試。」

如果你或你的團隊成員是以防禦型角度處理產品流程，你將學得較少，因為你確認較少。你不太可能確認影響你的決策和分析背後的基本假設。

相對的，從防禦型學習轉成為協作型學習。協作型學習者不會將自己視為決策和想法的所有者。反而，他們與整個團隊分享想法和決策的控制和所有權。協作型學習者不是在尋求「贏」得討論或擊敗其他所有人的想法，而是著眼於團隊如何學習更多、更快。協作型學習者不會試圖避免負面回饋，而是相信團隊的良好意圖，且不會將批評視為對個人攻擊（表 21-3）。

與其考慮自己，不如專注於團隊。團隊可以確認哪些想法？團隊可以學到什麼？團隊需要回答什麼問題？

表 21-3　防禦型學習者與協作型學習者的比較

防禦型學習者　關注「我」	協作型學習者　關注「我們」
保持控制權	與團隊分享控制權
最大化「贏」	專注於學習
減少負面情緒	信任你的團隊

將自己從工作中抽離出來

你不是你的工作。回饋與你無關。當你將自己從工作中抽離出來時，你將從防禦型學習向協作型學習邁出最大的一步。如果工作代表你，那麼更多的負面回饋可能會帶來更多的尷尬和拒絕。如果工

作代表團隊，那麼回饋將幫助你和團隊學習，產生的回饋越多，團隊學習到的就越多。

在許多方面，當你朝向協作型學習時，你就移除了失敗的風險。每一個假設、想法和設計都將成為通往完美產品的又一考驗。不要害怕錯或失敗。只要你學習，就已成功地測試了假設。

忽略混蛋

每隔一段時間，你會遇到一個不懂人類基本禮儀的人。也許他們錯過了早餐。也許有人吸走他們的靈魂、粉碎他們的心、脛骨被踢。原因並不重要。他們行為上像個混蛋，沒有任何理由。

首先，不要畏縮或退避。當某人以最無禮的方式提供回饋時，請挺身而進。記住，你不是你的工作，這關於團隊可以學到多少。沒什麼可害怕的。那個混蛋怒帶咆哮。提出問題，以了解咆哮背後發生了什麼事。

如果你不同意，反問為什麼直到找出回饋背後的根本原因。如果你不同意那個根本原因，請找一些方法來討論這個分歧。如果你同意根本原因，請找出雙方都可同意的解決方案。如果你同意，請明確說出你同意，明確收集回饋，並闡明你將如何進行更改。

最重要的是，不用以寬容回應。混蛋擅長傷害你的感受，即便你已將自己與工作分開。那就是混蛋的厲害之處。即使他們傷害了你的感受，也請保持鎮定，自己平靜下來，並傾聽咆哮以找出隱藏其後的所得。

大多數人都被混蛋拖著，他們從沒因此學到任何東西。想像當你幫助團隊在這最糟糕的情況下也能有所得的勝利畫面。

「固定」完成

到目前的確認為止，你已精心構築出你所需的回饋，仔細地討論這些回饋，並明確地收集到這些回饋。在完成中，再一次陳述所有內容。總結確認的成果並說明接下來會發生什麼。

要總結確認，重複你審查了什麼，重述問題或你們已討論過的問題，並重申團隊已收集的回饋。透過快速審視剛剛發生的事，你強化每個人討論過的、每個人參與過的，以及每個人對於回饋的同意。這個審視使協作變得明確、具體和真實。

再來，如果有人不同意回饋中的任何地方或你對事件的紀錄，則完成將為他們提供再一次機會發表意見並提供更多其他觀點。

總結確認後，分享下一步會發生什麼。你將如何處理回饋？他們將怎麼知道你如何應用回饋？說明你將如何使用這些回饋、何時，以及他們是否可以看到任何結果、下一版本或它將變成什麼。

要真正完成，鍵入評論和後續步驟，並在會議後發送電子郵件給所有人。若有後續進度的電子郵件就更是錦上添花了。

保持信念

同「國王的新衣」，經理聘請了兩名顧問來設計一款出色的新的穿戴式產品。當經理將產品演示給組織中的其他經理看時，每個人都笑了。顯然，顧問們交付了太監硬體（vaporware），而此安排浪費了時間和金錢。

當你與團隊一起確認分析、模型和想法時，有時你是穿著時髦新衣服的國王，而有時你是嘲笑他們的圍觀者。確認是重要的步驟，可以在這個步驟看看其他人是否可以看到如你所見同樣棒的東西。在我的團隊中，我會進行我稱為「瘋狂確認」的活動，此時我會展示一些粗略的和某些出界的東西，以查看我是否真的有好點子或我瘋了。有時候，是我沉迷於某些事物，有時候，是我瘋了。

又有時候，我就是那些裁縫師之一，縫製出超棒的東西，但其他人看不到。有時，你的團隊、或組織、或客戶就是無法理解。無論你如何嘗試去說明該願景，有時你就是得不到任何注意。發生這種情況時，請保持信念。

對你的想法有信心，並盡可能保留它因為它之後可能會變得有意義。或保持對確認的信念，放棄團隊所摒棄的想法。無論你選擇哪一種，保持對思考 - 製作 - 確認的信心。過程中每運轉一次都轉動著體驗機器上的齒輪。每運轉一次都揭露出關於產品、你團隊流程，

以及組織如何產出體驗的改善新機會。一遍又一遍運轉思考 - 製作 - 確認，你的組織將建構出更好的產品，而你將幫助他們做到這一點。

[索引]

關於作者

Austin Govella 在過去 20 多年來一直幫助全球大大小小的組織開發更好的產品和服務。Austin 將 UX 與敏捷結合在一起,並在 SXSW、Agile、Big Design 等會議上分享他的經驗。他領導 Avanade 休士頓工作室的體驗設計,在那裡他幫助跨功能團隊設計和開發網站、工作場所工具和行動 APP。他的經驗包括產品團隊、顧問、B2B、B2C 和非營利部門。他為 *Information Architecture: Blueprints for the Web* 一書的共同作者並經營部落格 *https://agux.co*。

關於譯者

王薌君

於科技業從事專案管理、品質管理、ISO 稽核、永續環保暨擔任主管職務多年,兼任新產品開發、設計、管理、系統流程等相關領域專業譯者。期許自己不斷學習、學用並進,成為知識的推廣者。譯文疑問或相關領域討論,請聯繫出版社或 *shellyppwang@gmail.com*。

出版記事

本書封面上的動物是白掌長臂猿（Hylobates lar），也稱為 lar gibbon。這些靈長類動物生活在東南亞國家的熱帶雨林中，例如馬來西亞、泰國、印尼、寮國和緬甸。它們的手臂和手指都非常長，可以幫助它們快速地從一支樹枝移動到另一個（稱為「臂躍行動」），他們大部分的時間都在樹上。長臂猿在地上直立走路時，會張開雙臂在頭上保持平衡。

白掌長臂猿有濃密毛髮，毛色從黑色到淺棕色不等，深色臉的周圍有一圈白色毛髮。就像他們的名字所述的那樣，他們的手背覆蓋著白色的毛。手掌無毛，可牢固地握緊樹木。此物種可長到 1.5-2 英尺高，體重在 10-20 磅之間。長臂猿的飲食主要以水果和樹葉為主，輔以昆蟲、花朵和蛋。在野外，其壽命為 25 至 30 年。

這些動物成對生活（連同其幼崽），每天早上唱二重唱（以「大叫」聞名）來標記他們家族的領土。每個長臂猿亞種都使用基本的短促響亮的聲音，然後每一對有其較複雜和獨特的變異。這些歌曲還用於傳達掠食者的存在。

白掌長臂猿是一種瀕臨滅絕的物種。他們有時會被捕獵食用，但是他們面臨的最大威脅是棲息地的喪失，因為森林被砍伐作為新建地、伐木或農業用途。

封面圖片是 Karen Montgomery 的彩色插圖，該插圖基於 *Natural History of Animals* 上的黑白版畫而成。

協同產品設計｜幫助團隊建立更好的體驗

作　　者：Austin Govella
譯　　者：王薌君
企劃編輯：蔡彤孟
文字編輯：詹祐甯
設計裝幀：陶相騰
發 行 人：廖文良

發 行 所：碁峰資訊股份有限公司
地　　址：台北市南港區三重路 66 號 7 樓之 6
電　　話：(02)2788-2408
傳　　真：(02)8192-4433
網　　站：www.gotop.com.tw
書　　號：A602
版　　次：2020 年 08 月初版
建議售價：NT$680

國家圖書館出版品預行編目資料

協同產品設計：幫助團隊建立更好的體驗 ／ Austin
Govella 原著；王薌君譯. -- 初版. -- 臺北市：碁峰資
訊, 2020.08
　　面；　公分
　　譯自：Collaborative Product Design
　　ISBN 978-986-502-533-5(平裝)
　　1.系統程式　2.電腦程式設計　3.網頁設計
312.52　　　　　　　　　　　　　　　　109007951

讀者服務

● 感謝您購買碁峰圖書，如果您對本書的內容或表達上有不清楚的地方或其他建議，請至碁峰網站：「聯絡我們」、「圖書問題」留下您所購買之書籍及問題。(請註明購買書籍之書號及書名，以及問題頁數，以便能儘快為您處理)
http://www.gotop.com.tw

● 售後服務僅限書籍本身內容，若是軟、硬體問題，請您直接與軟體廠商聯絡。

● 若於購買書籍後發現有破損、缺頁、裝訂錯誤之問題，請直接將書寄回更換，並註明您的姓名、連絡電話及地址，將有專人與您連絡補寄商品。